辽宁省农民技术员培训教材

农业农村部首届涉农职业院校助力乡村振兴"名课名师"配套教材

蔬菜栽培

SHUCAI ZAIPEI

陈杏禹　刘爱群　主编

U0212039

化学工业出版社

·北京·

内容简介

本书在系统介绍蔬菜栽培的基础知识和基本技术的基础上，分别详细阐述了白菜、萝卜、大葱、马铃薯、甘蓝、辣椒、番茄等 20 余种我国主要蔬菜的露地栽培技术，以及设施蔬菜春早熟栽培、秋冬季栽培、冬春季栽培等技术。此外，还配套了大量拓展阅读资料和 46 条数字教学资源，以期将职业素质养成、创新创业意识培养等内容融入教材。

本书可作为农民技术员培训、高素质农民培育、基层农技推广人员培训、继续教育及五年制高职农业技术类专业教学用书，也可供相关行业企业生产技术人员参考。

图书在版编目（CIP）数据

蔬菜栽培 / 陈杏禹，刘爱群主编． -- 北京 ：化学工业出版社，2024. 11. -- ISBN 978-7-122-46685-3

Ⅰ．S63

中国国家版本馆CIP数据核字第2024UF0658号

责任编辑：孙高洁　刘　军
责任校对：王　静
装帧设计：刘丽华

出版发行：化学工业出版社
　　　　　（北京市东城区青年湖南街 13 号　邮政编码 100011）
印　　装：三河市双峰印刷装订有限公司
787mm×1092mm　1/16　印张 11　字数 252 千字
2025 年 2 月北京第 1 版第 1 次印刷

购书咨询：010-64518888　　　　售后服务：010-64518899
网　　址：http://www.cip.com.cn
凡购买本书，如有缺损质量问题，本社销售中心负责调换。

定　　价：39.80元　　　　　　　　版权所有　违者必究

本书编审人员名单

主　　编

　　陈杏禹（辽宁农业职业技术学院）

　　刘爱群（辽宁省农业科学院蔬菜研究所）

副 主 编

　　李　悦（辽宁农业职业技术学院）

　　那伟民（辽宁农业职业技术学院）

参编人员

　　练华山（成都农业科技职业学院）

　　朱丽丽（松原职业技术学院）

　　赵雪雅（辽宁农业职业技术学院）

　　董姝宇（辽宁农业职业技术学院）

　　杨见龙（兴城市华绿现代农业开发有限公司）

主　　审

　　田长永（辽宁农业职业技术学院）

前言

　　蔬菜产品是大食物观的重要组成部分，蔬菜生产是提高农民收入、促进乡村振兴的重要支柱产业之一，在生产和生活中占有重要地位。本教材作为蔬菜栽培技术培训教材，将蔬菜生产中不断涌现出来的新品种、新技术、新模式传授给生产者，使其具备更高水平的科技应用能力与管理水平，为农业新质生产力发展提供保障。

　　本教材共分六章，第一章和第二章讲述蔬菜栽培的基础知识和基本技术，为农民技术员培育奠定理论基础；第三章至第六章按照生产季节和技术难度循序渐进，选取了20种具有典型性的蔬菜优质高效栽培模式，为蔬菜生产技术升级提供实践指导。为增强教材的实用性和趣味性，教材中穿插了大量图片、课外阅读资料和数字教学资源，读者通过手机扫描二维码即可观看蔬菜生长动态的动画演示或栽培管理操作视频，使教材更加生动立体。

　　本书编写分工如下：第一章由陈杏禹、董姝宇编写，第二章和第四章由陈杏禹编写，第三章由那伟民、练华山编写，第五章由朱丽丽、赵雪雅编写，第六章由刘爱群、杨见龙编写。教学配套数字化资源由陈杏禹、李悦开发，陈杏禹对全书进行统稿。

　　由于编者知识水平有限，不足之处在所难免，恳请各位同行、各院校师生批评指正。

编　者

2024年7月

第一章 蔬菜栽培基础知识 / 1

第二章 蔬菜栽培基本技术 / 23

第三章 露地蔬菜栽培 / 55

3

第四章　设施蔬菜春早熟栽培 / 83

第五章 5 设施蔬菜秋冬季栽培 / 117

第六章 设施蔬菜冬春季栽培 / 142

6

附录　蔬菜栽培数字教学资源表 / 164

参考文献 / 166

第一章

蔬菜栽培基础知识

目的要求	了解蔬菜栽培的特点、蔬菜商品质量的内容和鉴定标准及我国蔬菜生产的发展现状和前景，掌握蔬菜的分类方法、生长发育周期的特点和不同环境因素对蔬菜生长发育的影响。
知识要点	蔬菜的定义；蔬菜栽培的特点；蔬菜农业生物学分类法；蔬菜生育周期的划分及特点；温度、光照、水分和土壤营养对蔬菜生长发育的影响；蔬菜商品质量的内容。
技能要点	蔬菜种类识别；蔬菜不同生育时期形态观察；蔬菜外观商品质量鉴别。
职业素养	学农爱农，强农兴农；知行合一，触类旁通；文化传承，质量意识。

第一节　蔬菜栽培入门

　　蔬菜是人们生活中不可缺少的副食品。蔬菜生产是农业生产的重要组成部分，是实现农业增效、农民增收的一条重要途径。蔬菜产品是我国出口创汇的重要农产品，在保持农产品国际贸易平衡中发挥重要作用。蔬菜种类繁多，生长习性各异，产品器官多种多样。充分了解蔬菜的生物学特性，了解蔬菜产品的上市标准，才能灵活地运用栽培技术，创造适宜的条件，使蔬菜作物按照栽培目的进行生长发育，以获得高产优质的蔬菜产品。

一、蔬菜的定义

　　蔬菜是一切可供佐餐的植物总称，包括一、二年生草本植物，多年生草本植物，少数木本植物（图1-1）以及食用菌、藻类、蕨类（图1-2）和某些调味品等，其中栽培较多的是一、二年生草本植物。蔬菜的食用器官包括植物的根、茎、叶、花、果实、种子和子实体等。

　　蔬菜是人体维生素的重要来源。维生素C在蔬菜中普遍存在，含量最高的是辣椒，其次是芹菜、菜花、番茄及各种绿叶菜。胡萝卜素是维生素A原，在人体内可转化成维生素

A，在各种绿色蔬菜和橙色蔬菜中含量丰富。芫荽、马铃薯、金针菜等蔬菜中含有较多的维生素 B_1，而白菜、菠菜、雪里蕻中含有较多的维生素 B_2。蔬菜中含有钙、铁、磷、钾、镁等矿质元素，是人体矿质元素的主要来源。蔬菜中含有大量的膳食纤维，膳食纤维能增进胃肠蠕动，促进食物吸收和消化，防止肠道疾病，被称为"第七大营养素"。马铃薯、山药、芋头等含有丰富的糖和淀粉，豆类蔬菜和瓜类种子中还含有较多的蛋白质、氨基酸和油脂。蔬菜中的色素、芳香物质、果胶质、果酸等除可提供一定的营养外，还可促进食欲，帮助消化。

图 1-1　木本蔬菜香椿

图 1-2　野生蔬菜猴腿蹄盖蕨

 ## 知识链接——文化传承

中国古代五大农书

中国古代的《氾胜之书》《齐民要术》《陈旉农书》《王祯农书》《农政全书》统称五大农书，这五大农书是中国现存的古代农学专著中的杰作。

《氾胜之书》：西汉氾胜之著，是我国历史上最早的农业科学著作，提出"区田法""穗选法""浸种法"。该书现存 3700 多字。

《齐民要术》：北魏贾思勰著，是一部系统完整的农业科学著作，全书共 10 卷，92篇，11 万多字。书中对农、林、牧、副、渔各方面都有详尽论述，被誉为农业百科全书。

《陈旉农书》：宋代陈旉著，是我国古代第一部谈论水稻栽培种植方法的农书。陈旉自耕自种，下苦功夫钻研，于 74 岁时完成这部著作，对古代农业生产做出巨大贡献。

《王祯农书》：元代王祯著，全书约 13.6 万字，分为《农桑通诀》《百谷谱》《农器图谱》三个部分，是当时农业生产技术的总结。

《农政全书》：明代徐光启著。这是一部集前人农业科学之大成的著作。全书 60 卷，50 余万字，汇集了农作物种植方法、各种农具制造、水利工程等农业技术，具有重要的科学价值。

二、蔬菜栽培及蔬菜产业的重要地位

1. 蔬菜栽培的含义

　　蔬菜栽培是指根据蔬菜作物的生长发育规律和对环境条件的要求，确定合理的栽培制度和管理措施，创造适宜蔬菜作物生长发育的环境，以获得高产优质、品种多样并能均衡供应市场的蔬菜产品的过程。蔬菜栽培的主要任务就是要保证蔬菜产品数量充足、品质优良、种类多样和供应均衡。

什么是蔬菜？

2. 蔬菜栽培的特点

　　与其他农作物栽培相比，蔬菜栽培具有以下特点：

　　（1）蔬菜含水量大　除薯芋类外，大多含水量在90%以上，不耐贮运，易损伤、萎蔫、腐烂。因此要求生产地应尽量靠近消费者，或贮藏加工业发达，运输方便，批发市场完善。

　　（2）蔬菜多抗逆性较差，病虫危害多。因此栽培的风险性大，易受不良天气条件的影响。

　　（3）蔬菜栽培的技术性较强，对栽培条件要求高　搞好蔬菜栽培需掌握种子处理、育苗、嫁接育苗（图1-3）、变温管理、植株调整、人工授粉、各种病虫害和生理障碍防治等栽培技术，此外，进行反季节栽培还需要提供相应的设施设备。

图1-3　蔬菜嫁接育苗场景

　　（4）蔬菜生产的集约化程度高　即在单位土地面积上投入较多的生产资料和劳动，进行精耕细作，用提高单位面积产量的方法来获取较高的经济效益。

3. 蔬菜产业的重要地位

　　（1）满足人体对营养的需求　粮食作物是人体热能的主要来源，而蔬菜则是维生素、矿物质和膳食纤维的主要来源。各类食物必须合理搭配，才能提供人体所需的各种营养物质，保证人体的正常发育和维持正常的生理功能。我国传统饮食习惯对鲜菜的需求量较大，因此蔬菜在城乡居民的膳食结构中具有特殊的重要地位，蔬菜生产在保障城乡居民基本消费需求和提高生活质量方面发挥了重要作用。

（2）增加农民收入　蔬菜商品率高，比较效益高，是农民收入的重要来源之一。据测算，蔬菜生产获得的收入占农民人均收入的 10% ～ 14%。

（3）促进城乡居民就业　蔬菜产业属劳动密集型产业，转化了数量众多的城乡劳动力。据不完全统计，我国与蔬菜种植相关的劳动力有 1 亿多人，与蔬菜加工、贮运、保鲜和销售等相关的劳动力超 8000 万人。

（4）平衡农产品国际贸易　加入世界贸易组织后，我国蔬菜生产比较优势逐步显现，出口增长势头强劲，在平衡农产品国际贸易方面发挥了重要作用。据农业农村部统计，2023年我国蔬菜出口额 185.4 亿美元，贸易顺差 175.5 亿美元，居农产品之首，而同期农产品贸易逆差达 1351.8 亿美元。

三、我国蔬菜产业发展现状及前景

1. 取得的成绩

（1）生产持续发展　改革开放以来，全国蔬菜生产快速发展，播种面积逐年增加，产量大幅增长。数据显示，1980 年，我国蔬菜播种面积为 316.18 万公顷，其中设施栽培面积仅为 0.73 万公顷，总产量仅为 0.83 亿吨；2000 年，蔬菜播种面积 1524 万公顷，设施栽培面积179 万公顷，总产量 4.24 亿吨；2022 年全国蔬菜播种面积 2240 万公顷，其中设施栽培面积280 万公顷，总产量 7.91 亿吨。目前，我国蔬菜播种面积和总产量均居世界首位。常年生产的蔬菜达 14 大类 150 多个种类，人均鲜菜占有量超过 400kg，约为世界平均水平的 2 倍。目前城乡蔬菜市场供应数量充足、花色品种丰富、质量较高、价格基本稳定。

（2）布局逐步优化　随着工业化、城镇化的推进和交通运输业的发展，蔬菜生产基地逐步向优势区域集中，形成了华南与西南热区冬春蔬菜、长江流域冬春蔬菜、黄土高原夏秋蔬菜、云贵高原夏秋蔬菜、北部高纬度夏秋蔬菜、黄淮海与环渤海设施蔬菜等六大优势区域，呈现栽培品种互补、上市档期不同、区域协调发展的格局，有效缓解了淡季蔬菜供求矛盾。

（3）质量显著提高　自 2001 年"无公害食品行动计划"实施以来，农产品质量安全工作得到全面加强，蔬菜质量安全水平和商品质量均明显提高，净菜整理、分级、包装、预冷等商品化处理数量逐年增加，商品化处理率提高到 40%。

（4）科技水平不断提高　全国选育各类蔬菜优良品种 3000 多个，主要蔬菜良种更新 5 ～ 6次，良种覆盖率达 90% 以上；高效节能日光温室的设计建造和配套栽培技术研发和集成，可在不加温的条件下越冬生产喜温蔬菜，其节能效果居世界领先水平；蔬菜嫁接育苗、穴盘育苗技术快速发展，蔬菜病虫害综合防治、无土栽培、节水灌溉等技术也在生产中广泛应用；蔬菜加工业发展迅速，特色优势明显，促进了出口贸易，番茄酱、脱水食用菌生产量均居世界首位。

（5）市场流通体系日臻完善　随着蔬菜生产业的发展，蔬菜市场建设得到快速发展，经营蔬菜的农产品批发市场 2000 余家，农贸市场 2 万余家，覆盖全国城乡的市场体系已基本形成，在保障市场供应、促进农民增收、引导生产发展等方面发挥了积极作用。

2. 存在的问题

（1）蔬菜价格波动较大　一是受成本增加等因素影响，蔬菜价格涨幅呈上升趋势。二是受极端天气等因素影响，不同年份间蔬菜价格波动加大。三是受信息不对称影响，时常发生不同区域同一种蔬菜价格差异较大。四是受市场环境等多种因素影响，品种间蔬菜价格差距拉大。此外，大城市近郊蔬菜生产萎缩，一旦出现运输困难等突发情况，难以及时保障蔬菜供应，容易引发市场和价格大幅波动，产区"卖难"和销区"买贵"同时显现。

（2）基础设施建设滞后　温室、大棚设施建设标准低、不规范，抗灾能力弱，容易受雨雪冰冻灾害影响；新建菜田排灌设施不足，影响生产；设施生产配套机械设备缺乏；蔬菜采后处理不及时，田头预冷、冷链设施不健全，贮运设施设备落后；产销信息体系不完善，供求信息不对称，造成部分蔬菜结构性、区域性、季节性过剩；市场基础设施薄弱，城市农贸市场和社区菜店数量不足，造成蔬菜产品流通不畅。

（3）质量安全隐患仍未杜绝　我国蔬菜质量总体是安全的、食用是放心的，但局部地区、个别品种农药残留超标问题时有发生。主要原因是安全生产设施设备（例如杀虫灯、防虫网）普及率较低，蔬菜标准化生产推进力度不大，监测与追溯体系不健全，监管手段弱，致使部分农残超标蔬菜流入市场。

（4）科技创新与成果转化能力不强　由于投入少、研究资源分散、力量薄弱等，蔬菜品种研发、技术创新与成果转化能力不强，难以适应生产发展的需要。同时，栽培技术创新不够、储备不足，基层蔬菜技术推广服务人才短缺、手段落后、经费不足，技术进村入户难，制约了科研成果的转化和新技术推广。

3. 发展对策

（1）发展专业化生产，推进产业化经营　根据全国蔬菜产业优势区布局，充分利用当地的气候优势、区位和交通优势、技术优势及独特的品种资源，发展专业化生产，实现资源的优化配置，从而获得高质量和高效益的产品，同时也便于蔬菜产品的交易和集散。引导发展蔬菜生产"龙头"企业、农业合作社和家庭农场，提高农民组织化程度，实现有组织、有计划地面向市场、发展生产、进入流通，发展适度规模经营。同时通过规模扩张带来规模收益、产业链延伸，分享工业剩余和商业利润，且能通过组织和制度创新节约交易费用，从而给蔬菜生产经营企业带来丰厚的利润回报。

（2）注重提高蔬菜产品的质量　建立健全蔬菜生产和质量标准体系，并与国际通行标准衔接。蔬菜生产过程中严格执行基地环境质量标准、生产操作规程、产品标准、贮藏和运输标准及其他相关标准所构成的完整的质量控制标准体系，真正实现"从田间到餐桌"的全程监控，以确保生产出安全、优质的蔬菜产品。和其他商品一样，蔬菜产品要拥有自己的商标和品牌，通过品牌效应去占领市场，扩大市场份额。

（3）改革流通领域，健全市场体系　蔬菜批发市场、菜市场、社区菜店等市场网点逐步健全，功能进一步完善，产销关系更加紧密，逐步形成立足蔬菜主产区和主销区，覆盖城乡、布局合理、流转顺畅、竞争有序、高效率、低成本、低损耗的现代蔬菜流通体系。

（4）依靠科技进步，提高蔬菜产业的整体素质　通过补贴政策、技术扶持等方式，加强蔬菜生产基地的基础设施建设，使之逐步达到标准化、规范化水平；学习和引进国外的先进经验和技术，从栽培设施、栽培技术、品种开发和人才培养等方面入手，迅速提高蔬菜生产的科技含量；加强农技推广体系建设，支持农技人员深入生产一线，开展蔬菜生产技术集成创新、展示示范、进村入户指导培训等推广活动，将新技术和新观念普及到农户，带动蔬菜产业整体素质的提升。

第二节 蔬菜的识别与分类

蔬菜作物种类繁多，据统计，世界范围内的蔬菜共有 200 多种，在同一种类中，还有许多变种，每一变种中又有许多品种。为了便于研究和学习，就需要对这些蔬菜进行系统的分类。常用蔬菜分类方法有三种，即植物学分类法、食用器官分类法和农业生物学分类法。

一、植物学分类法

植物学分类法为根据植物学特征和自然进化系统，把蔬菜作物按照界、门、纲、目、科、属、种、亚种和变种进行分类的方法。我国普遍栽培的蔬菜（除食用菌外），多属于种子植物门被子植物亚门。采用植物学分类法可以明确科、属、种间在形态、生理上的关系，以及遗传学、系统进化上的亲缘关系，对于蔬菜的轮作倒茬、病虫害防治、种子繁育和栽培管理等有较好的指导作用。常见蔬菜按科分类如表 1-1、表 1-2 所示。

表1-1 **单子叶植物纲蔬菜**

所属科	代表蔬菜
禾本科	毛竹笋、麻竹、菜玉米、茭白
百合科	黄花菜、芦笋、卷丹百合、兰州百合、洋葱、韭葱、大蒜、南欧蒜、大葱、分葱、楼葱、胡葱、细香葱、韭菜、薤
天南星科	芋、魔芋
薯蓣科	普通山药、田薯（大薯）
姜科	姜
泽泻科	慈姑（图1-4）
莎草科	荸荠

表1-2 **双子叶植物纲蔬菜**

所属科	代表蔬菜
藜科	根甜菜、叶甜菜、菠菜
落葵科	红落葵、白落葵
苋科	苋菜
睡莲科	莲藕、芡实
十字花科	萝卜、芜菁、芜菁甘蓝、芥蓝、结球甘蓝、抱子甘蓝、羽衣甘蓝、花椰菜、青花菜、球茎甘蓝、小白菜、结球白菜、乌塌菜、菜薹、叶用芥菜、茎用芥菜、芽用芥菜、根用芥菜、辣根、豆瓣菜、荠菜
豆科	豆薯、菜豆、豌豆、蚕豆、豇豆、菜用大豆、扁豆、四棱豆、红花菜豆、刀豆、矮刀豆、苜蓿
伞形科	芹菜、根芹、水芹、芫荽、胡萝卜、茴香、球茎茴香、大叶芹、孜然芹、美洲防风（欧防风）
旋花科	蕹菜
唇形科	薄荷、荆芥、罗勒、紫苏、草石蚕

所属科	代表蔬菜
茄科	马铃薯、茄子、番茄、辣椒、香艳茄、酸浆
葫芦科	黄瓜、甜瓜、南瓜（中国南瓜）、笋瓜（印度南瓜）、西葫芦（美洲南瓜）、黑籽南瓜、西瓜、冬瓜、节瓜、瓠瓜（葫芦）、普通丝瓜、有棱丝瓜、苦瓜、佛手瓜、蛇瓜
菊科	莴苣（莴笋、散叶莴苣、直立莴苣、皱叶莴苣、结球莴苣）、茼蒿、菊芋、苦苣、紫背天葵、牛蒡、朝鲜蓟（图1-5）、婆罗门参
锦葵科	黄秋葵、冬寒菜
楝科	香椿
番杏科	番杏
菱科	四角菱、两角菱、无角菱、乌菱

图1-4　单子叶植物慈姑

图1-5　双子叶植物朝鲜蓟

二、食用器官分类法

按照食用部分的器官形态，可将蔬菜作物分为根、茎、叶、花、果等五类（表1-3）。这种分类方法的特点是同一类蔬菜的食用器官相同，可以了解彼此在形态上及生理上的关系。凡是食用器官相同的，其栽培方法及生物学特性也大体相同，例如根菜类中的萝卜和胡萝卜，分别属于十字花科及伞形科，但对于外界环境及土壤的要求都很相似。有的类别，食用器官相同，而生长发育特性及栽培方法却有很大差异，例如同属于茎菜类的莴笋和茭白，同属于花菜类的花椰菜和黄花菜。还有一些蔬菜，栽培方法很相近，但食用部分却大不相同，例如甘蓝、花椰菜、球茎甘蓝，分属于叶菜、花菜、茎菜。

蔬菜的植物学
分类法

蔬菜的食用器
官分类法

表1-3　食用器官分类法

按食用器官分类		产品特征	代表蔬菜
根菜类	肉质根类	肥大的肉质直根	萝卜、芜菁、胡萝卜、根甜菜、根芥菜
	块根类	肥大的不定根或侧根	豆薯、葛

续表

按食用器官分类		产品特征	代表蔬菜
茎菜类	肉质茎类	肥大的地上茎	莴笋、茭白、茎用芥菜、球茎甘蓝（图1-6）
	嫩茎类	萌发的嫩茎	芦笋、竹笋
	块茎类	肥大的地下块茎	马铃薯、菊芋、草石蚕
	根茎类	肥大的地下根茎	生姜、莲藕
	球茎类	地下的球茎	慈姑、芋
	鳞茎类	肥大的鳞茎	洋葱、大蒜、薤
叶菜类	普通散叶菜类	鲜嫩翠绿的叶或叶丛	小白菜、乌塌菜、茼蒿、菠菜
	香辛叶菜类	有香辛味	大葱、分葱、韭菜、芹菜、芫荽、茴香
	结球叶菜类	肥大的叶球	大白菜、结球甘蓝、结球莴苣、抱子甘蓝
花菜类	花器类	花蕾	黄花菜（图1-7）、朝鲜蓟
	花枝类	肥嫩的花枝及花蕾	花椰菜、青花菜、菜薹、芥蓝
果菜类	瓠果类	下位子房和花托发育而成的果实	黄瓜、南瓜、西瓜等瓜类蔬菜
	浆果类	胎座发达而充满汁液的果实	茄子、番茄、辣椒等
	荚果类	脆嫩荚果或其豆粒	菜豆、豇豆、蚕豆等
	杂果类	上述三种以外的果菜	菜玉米、菱角、黄秋葵等

图1-6　肉质茎类蔬菜球茎甘蓝

图1-7　花菜类蔬菜黄花菜

三、农业生物学分类法

农业生物学分类法以蔬菜的农业生物学特性作为分类的根据，综合了上面两种方法的优点，比较适合于生产上的要求。具体分类如下：

1. 根菜类

包括萝卜、胡萝卜、根用芥菜、芜菁甘蓝、芜菁、根用甜菜等。以膨大的直根为食用部分，生长期间喜冷凉气候。在生长的第一年形成肉质根，贮藏大量的水分和糖分，到第二年开花结实。在低温下通过春化阶段，长日照下通过光照阶段。均用种子繁殖。要求疏松而深厚的土壤，以利于形成良好的肉质根。

2. 白菜类

包括白菜、芥菜及甘蓝等，均属于十字花科，以柔嫩的叶丛、叶球、肉质茎或花球（薹）为食用部分。喜冷凉、湿润气候，对水肥要求高，高温干旱条件下生长不良。多为二年生植物，均用种子繁殖，第一年形成叶丛或叶球，第二年才抽薹开花。栽培上，除采收花球及菜薹（花茎）者以外，要避免先期抽薹。

3. 绿叶菜类

包括莴苣、芹菜、菠菜、茼蒿、苋菜、蕹菜等，以幼嫩的绿叶或嫩茎为食用器官。其中的蕹菜（空心菜）、落葵（木耳菜）（图1-8）、苋菜等，能耐炎热，而莴苣、芹菜、菠菜等则喜冷凉。多用种子繁殖，除芹菜外，一般不育苗移栽。由于它们大多植株矮小，生长迅速，要求土壤水分及氮肥不断地供应，常与高秆作物进行间、套作。

4. 葱蒜类

包括洋葱、大蒜、大葱、韭菜等，均属于百合科。这类蔬菜叶鞘基部能形成鳞茎，因此又叫"鳞茎类"。其中洋葱及大蒜的叶鞘基部可以发育成为膨大的鳞茎；而韭菜、大葱、分葱等则不特别膨大。性耐寒，春秋两季为主要栽培季节。在长日照下形成鳞茎，要求低温通过春化。可用种子繁殖（如洋葱、大葱等），亦可用营养器官繁殖（如大蒜、分葱及韭菜等）。

5. 茄果类

包括茄子、番茄及辣椒等，均为茄科中以果实为产品器官的蔬菜。它们在生物学特性和栽培技术上都很相似，性喜温暖，不耐寒冷，对日照长短要求不严格。由于生长旺盛、产量高，因而要求肥沃的土壤。根系再生能力强，适合育苗移栽。

6. 瓜类

包括南瓜、黄瓜、西瓜、甜瓜、瓠瓜、冬瓜、丝瓜、苦瓜等，均属于葫芦科。茎蔓生，生长期间需要整枝搭架。雌雄同株异花，虫媒花，设施栽培应采取保花保果措施。要求较高的温度及充足的阳光，不耐寒冷，尤其是西瓜和甜瓜，适于昼夜温差较大的大陆性气候及排水好的土壤。多用种子繁殖，适合育苗移栽，但根系木栓化程度高，伤根后不易恢复，不耐多次移植。

7. 豆类

包括菜豆、豇豆、毛豆、刀豆（图1-9）、扁豆、豌豆及蚕豆等，多以新鲜的种子及豆荚为食，均属于豆科。除豌豆及蚕豆要求冷凉气候以外，其他豆类都要求温暖的环境，豇豆和扁豆尤其耐高温。根系较发达，具根瘤，在根瘤菌的作用下可以固定空气中的氮素，故需氮肥较少。栽培中多采用种子直播，根系不耐移植，蔓生种需要搭架栽培。

8. 薯芋类

包括马铃薯、山药、芋、姜等，以地下块根或地下块茎为食用器官。产品内富含淀粉，较耐贮藏。均为营养繁殖，要求肥沃疏松的土壤。除马铃薯生长期较短，不耐过高的温度外，其他薯芋类都耐热，生长期亦较长。

9. 水生蔬菜

包括藕、茭白、慈姑、荸荠、菱和水芹等生长在沼泽地区的蔬菜。在植物学分类上分属于不同的科，但均喜较高的温度及肥沃的土壤，要求在浅水中生长。除菱和芡实以外，都用营养器官繁殖。多分布在长江以南湖沼多的地区。

蔬菜的农业生物学类法

10. 多年生蔬菜和杂类蔬菜

多年生蔬菜包括竹笋、黄花菜、芦笋、香椿、百合等，一次繁殖以后，可以连续采收数年。杂类蔬菜包括菜玉米、黄秋葵、芽苗类和野生蔬菜。

图1-8　绿叶菜类蔬菜落葵

图1-9　豆类蔬菜刀豆

 知识链接——文化传承

中国传统"五菜"

中国传统"五菜"是指葵、韭、藿、薤、葱五种蔬菜。这五种蔬菜在中国传统文化中和中医理论中有着特殊的地位。《黄帝内经·素问》里面写道"五谷为养，五果为助，五畜为益，五菜为充，气味合而服之，以补精益气"，意思是各种食物合理搭配，有助于身体健康。

葵：即冬葵，又称冬寒菜。在古代被视为"百菜之王"，食用部分是叶片和菜梗，可以清炒或煮粥，吃起来嫩滑爽口。

韭：即韭菜。营养价值高，气味芳香，食法多样，适合作馅料。

藿：指豆叶，也叫豆藿。在古代食物匮乏的年代，在不影响豆子生长的前提下，采摘嫩豆叶食用。如今大家食用的"豌豆尖儿"就是"藿"。

薤：又叫薤头，属于葱蒜类。原产自于长江流域，在我国北方并不常见。在我国江南地带流行与糖醋搭配做成糖醋薤头，川渝地区则常将其腌制成泡菜食用。

葱：又称菜伯、和事草。"伯"为大，"菜伯"就是"蔬菜中的老大"。另外因葱具有调和各种菜肴，除腥、提鲜、增味的作用，因此又称为"和事草"。

一、蔬菜生长发育周期

蔬菜的生育周期是指蔬菜由种子萌发到再形成新的种子的整个过程。根据蔬菜生育周期的长短可将蔬菜作物分为四类，即一年生蔬菜（如番茄、黄瓜等）、二年生蔬菜（如萝卜、大白菜等）、多年生蔬菜（如黄花菜、芦笋等）和无性繁殖蔬菜（如马铃薯等）。就某种蔬菜的一个生育周期而言，可以分为种子时期、营养生长时期和生殖生长时期三个时期，每个时期又可细分为不同的阶段。

1. 种子时期

从母体卵细胞受精形成合子开始到种子萌动为止，经历种子形成期和种子休眠期。

（1）种子形成期　从卵细胞受精形成合子开始到种子成熟为止。这一时期种子在母体上，有显著的营养物质合成和积累过程。所以栽培上要为种株提供良好的营养和光照等环境条件，以提高种子的质量和生活力。

（2）种子休眠期　种子成熟后大多有不同程度的休眠期。处于休眠状态的种子，代谢水平很低，需要低温干燥的环境条件，以减少养分消耗，维持更长的寿命。种子经过一段休眠以后，遇到适宜的环境便萌发。

2. 营养生长时期

从种子萌动开始至营养生长完成，开始花芽分化为止。具体又可划分为以下四个阶段：

（1）发芽期　从种子萌动开始到真叶出现为止（图1-10）。此期所需要的能量及各种物质均由种子本身提供。因此，在生产上要求选用发芽能力强而饱满的种子，并创造适宜的发芽条件，保证种子迅速发芽，幼苗尽早出土。

图1-10　黄瓜发芽期结束幼苗期开始

（2）幼苗期　从真叶出现即进入幼苗期，其结束的标志因蔬菜种类而异。幼苗期开始，植株进入自养阶段，靠自身光合作用制造的养分及根系吸收的水分和矿质元素进行生长，幼苗生长代谢旺盛，光合作用所制造的营养物质大部分用于根茎叶的生长，很少有积累。果菜类蔬菜大多在此期开始花芽分化。此期绝对生长量很小，但生长迅速；对土壤水分和养分吸收的绝对量不多，但要求严格。此期对温度的适应性较强，具有一定的可塑性，适于进行秧苗锻炼。这一时期的环境条件还会影响一年生蔬菜的花芽分化以及结果数量和质量，直接关系到早熟性、丰产性。所以生产上要创造良好的环境条件，培育壮苗，为丰产打好基础。

（3）营养生长盛期　幼苗期结束即进入营养生长旺盛期。此期的中心内容是根、茎、叶的生长，植株形成强大的吸收和同化体系。对于一年生果菜类来说，通过旺盛的营养生长，可形成健壮的枝叶和根系，积累一定养分，为下一步开花、结实奠定良好基础；对于二年生的蔬菜来说，通过旺盛的营养生长，可形成特定的营养器官，积累并贮藏大量养分。因此，营养生长盛期也是养分积累期。

（4）营养休眠期　二年生或多年生蔬菜在进行旺盛营养生长之后，随着贮藏器官的形成即开始进入休眠期。休眠包括生理休眠和被迫休眠两种。生理休眠是由本身的遗传性决定的，即无论外界环境是否适宜生长，产品器官形成后必须经过一段休眠，才能继续生长，如马铃薯。被迫休眠是在营养器官形成后，由不良的季节或环境导致无法继续生长，是适应不良条件的一种被动反应，如大白菜、萝卜等。休眠中的植株体内仍进行着缓慢的生理活动，同时消耗着贮存的营养，活动强度与环境密切相关。因此，应注意控制贮存环境条件，尽量减少营养物质消耗，使之安全度过不适季节，有充足的营养进行再次生长。

3. 生殖生长时期

从植株开始花芽分化至形成新的种子为止。可细分为以下三个阶段：

（1）花芽分化期　从花芽开始分化至开花前的一段时间。花芽分化是植物由营养生长过渡到生殖生长的形态标志。果菜类蔬菜一般在苗期就开始花芽分化，二年生蔬菜一般在产品器官形成并通过春化后，在生长点开始花芽分化，通过光周期后抽薹、开花。

（2）开花期　从开花至完成授粉受精过程为止。此期是生殖生长的一个重要时期，植株对外界环境条件的抗性较弱，特别是对温度、光照及水分的反应敏感。温度过高或过低、水分过多或过少、光照不足等都会影响授粉受精，引起落蕾、落花。

（3）结果期　是果菜类蔬菜形成产量的关键时期。经授粉受精作用，子房发育为果实，胚珠发育为种子。果实的膨大生长，依靠叶片制造的光合产物不断向果实中运输。而对于一年生的果菜类，在开花结实的同时，仍要进行旺盛的营养生长，因此要供给充足的水分和养分，以利于果实和营养器官的正常生长发育。对于以营养器官为产品的蔬菜种类，在非采种时期，应抑制生殖生长，促进产品器官的形成。

以上所述是蔬菜的一般生长发育过程。对于以营养体为繁殖材料的蔬菜，如薯芋类、部分葱蒜类和水生蔬菜等，栽培上则不经过种子时期。二年生蔬菜白菜生长发育周期如图1-11所示。

二、蔬菜的栽培环境

蔬菜的生长发育及产品器官的形成，一方面取决于植物本身的遗传特性，另一方面取决于外界环境条件。不同蔬菜作物及其不同的生育期对外界环境条件的要求各不相同，因此，了解各种环境因子对蔬菜作物生长发育的影响，才能正确运用优良的栽培技术，创造适宜的环境条件，来控制它们的生长发育，达到高产优质的目的。

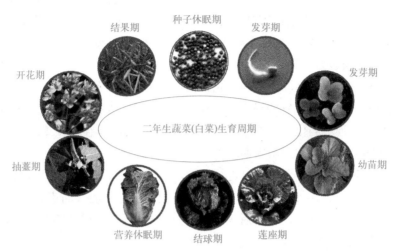

图1-11   白菜生育周期示意图

环境条件包括温度、光照、水分、土壤和气体等，这些环境因子不是孤立存在的，而是相互联系的，对于蔬菜作物生长发育的影响往往是综合作用的结果。

（一）温度

影响蔬菜生长发育的环境条件中以对温度最敏感。各种蔬菜都有其生长发育的温度三基点，即最低温度、最适温度和最高温度。

1. 不同蔬菜种类对温度的要求

根据各种蔬菜对温度条件的不同要求及耐受的温度，可将蔬菜分为五类（表1-4），这是安排蔬菜栽培季节的重要依据。

表1-4   不同蔬菜种类对温度的要求

类别	主要蔬菜	最高温度/℃	适宜温度/℃	最低温度/℃	特点
多年生宿根蔬菜	韭菜、黄花菜、芦笋等	35	20～30	-10	地上部能耐高温，冬季地上部枯死，以地下宿根（茎）越冬
耐寒蔬菜	芫荽、菠菜、大葱、洋葱、大蒜等	30	15～20	-5	较耐低温，大部分可露地越冬
半耐寒蔬菜	大白菜、甘蓝、萝卜、胡萝卜、豌豆、蚕豆、结球莴苣等	30	17～25	-2	喜冷凉气候条件，不耐高温，产品器官形成期温度超过21℃生长不良
喜温蔬菜	黄瓜、番茄、辣椒、菜豆、茄子等	35	20～30	10	不耐低温，15℃以下开花结果不良
耐热蔬菜	冬瓜、苦瓜、西瓜、豇豆、苋菜、蕹菜等	40	30	15	喜高温，有较强的耐热能力

2. 蔬菜不同生育期对温度的要求

蔬菜在不同生育期对温度要求不同。大多数蔬菜在种子萌发期要求较高的温度，耐寒及半耐寒蔬菜一般在 15 ~ 20℃，喜温蔬菜及耐热蔬菜一般在 20 ~ 30℃。进入幼苗期，由于幼苗对温度适应的可塑性较大，根据需要，温度可稍高或稍低。叶菜类、根菜类、茎菜类的营养生长盛期要形成产品器官，是决定产量的关键时期，应尽可能安排在温度适宜的季节。营养休眠期都要求低温。蔬菜生殖生长期间要求较高的温度。果菜类花芽分化期（一般从苗期开始），日温应接近花芽分化的最适温度，夜温应略高于花芽分化的最低温度，夜温过高，花芽分化质量差。开花期对温度要求严格，温度过高或过低都会影响授粉、受精。结果期要求较高的温度。

3. 温周期对蔬菜生长发育的影响

蔬菜作物要求白天有较高温度以利于光合作用，制造更多的同化物质，而夜间则需要较低的温度，减少呼吸消耗。适宜的昼夜温差在 10 ~ 15℃。因蔬菜夜间仍进行生长，吸收水分和营养，同时还进行着同化产物的运输与贮藏，故夜温也不能过低。蔬菜作物对这种昼夜温度周期性变化的适应性，称为温周期现象。

设施蔬菜栽培时，可把一天分几段进行调控，如四段变温管理；还可根据天气阴晴等状况进行调控，如晴天的日温比阴天高 2 ~ 5℃，晴天的夜温比阴天的夜温高 1 ~ 4℃，午后的温度比午前温度低 2 ~ 5℃，日落后 3 ~ 4h 保持较高温度，以利养分运转，其后温度继续下降，使养分消耗维持最低限度。

4. 土壤温度对蔬菜生长的影响

土壤温度直接影响蔬菜的根系发育及对土壤养分的吸收。一般蔬菜根系生长的适宜温度为24 ~ 28℃。土温过低，根系生长受抑制，蔬菜易感病；土温过高，根系生长细弱，吸收能力减弱，植株易早衰。蔬菜冬春生产土温较低时，宜控制浇水，通过中耕松土或覆盖地膜等措施提高土温和保墒。夏季土温偏高，宜采用小水勤浇、培土和畦面覆盖等办法降低地温，保护根系。此外要避免在中午温度较高时突然浇水，否则会导致根际温度骤然下降而使植株萎蔫，甚至死亡。

5. 温度与春化现象

二年生蔬菜花芽分化需要一定时间的低温诱导，这种现象称为"春化现象"。通过春化阶段后在长日照和较高的温度下抽薹开花。根据感受低温的时期不同，蔬菜作物可分为两种类型：

（1）种子春化型 从种子萌动开始即可感受低温通过春化阶段，如白菜、萝卜、芥菜、菠菜等。所需温度在 0 ~ 10℃之间，以 2 ~ 5℃为宜，低温持续时间约 10 ~ 30 天。栽培中如果提前遇到低温条件，容易在产品器官形成以前或形成过程中就抽薹开花，称为"先期抽薹"或"未熟抽薹"，如图 1-12 所示。

图 1-12　萝卜先期抽薹

（2）绿体春化型　幼苗长到一定大小后才能感受低温而通过春化阶段，如洋葱、芹菜、甘蓝等。不同的品种通过春化阶段时要求苗龄大小、低温程度和低温持续时间不完全相同。对低温条件要求不太严格，比较容易通过春化阶段的品种称冬性弱的品种；春化时要求条件比较严格，不太容易抽薹开花的品种称冬性强的品种。这类蔬菜春季作为商品蔬菜栽培时，宜选用冬性强的品种，安排好适宜的播种期，避免幼苗长到符合春化大小要求时，遭受长期的低温而发生先期抽薹。

（二）光照

光照对蔬菜作物生长的影响是多方面的，其作用主要通过光照度、光质和光周期等来实现。

1. 光照度对蔬菜生长的影响

不同蔬菜对光照度都有一定的要求，一般用光补偿点、光饱和点、光合速率（同化率）来表示。大多数蔬菜的光饱和点在 10 ~ 50klx，光补偿点为 1.5 ~ 2.0klx。生产中可以根据蔬菜对光照度的不同要求调节光照度。设施栽培可在早春或晚秋采取适宜措施，增加光照，促进蔬菜生长。在夏季强光时节，选择不同规格的遮阳网覆盖降低光照度，保证蔬菜正常生长。根据蔬菜对光照度要求的不同将其分为三类：

（1）喜强光蔬菜　包括西瓜、甜瓜等大部分瓜类和番茄、茄子、芋头、豆薯等，此类蔬菜喜强光，遇阴雨天气，产量低、品质差。

（2）喜中等光强蔬菜　包括大部分白菜类、萝卜、胡萝卜和葱蒜类，此类蔬菜生长期间不要求很强光照，但光照太弱时生长不良。

（3）耐弱光蔬菜　包括生姜和莴苣、芹菜、菠菜等大部分绿叶菜类蔬菜。此类蔬菜在中等光强下生长良好，强光下生长不良，耐阴能力较强。

对于蔬菜设施栽培，光照强弱必须与温度的高低相配合，才能有利于植株生长和产品器官的形成。光照增强，温度也要相应升高，才有利于光合产物的积累；而弱光条件下，温度过高会引起呼吸作用的增强以及能量的消耗。因此，温室果菜类栽培过程中如遇阴雪天气，必须采取低温管理，才能有利于植株生长和结实。

 知识链接——蔬菜名人

让科学技术真正走进农田的喻景权院士

喻景权，浙江义乌人，长期致力于蔬菜抗逆高产调控领域研究，在蔬菜抗逆栽培、栽培模式革新等方面取得了多项原创性成果。探明了蔬菜抗冷、光合效率和瓜类坐果的调控物质及其作用机制，创建了设施蔬菜抗逆生长与高产调控技术；破解了蔬菜连作自毒物质及连作障碍发生机制，建立了蔬菜"除障因、增抗性"连作障碍绿色防控技术；创建了 SAS 无土栽培新方法和 LED 精准补光技术。为我国蔬菜产业科技进步做出重要贡献。2021 年当选为中国工程院院士。

2. 光质对蔬菜生长发育的影响

光质即不同波长的光谱组成。不同波长的光对作物的光合速率影响不同，如红橙光的光合效率相对较高，蓝紫光次之，绿光最差。一般长波光（例如远红光）对促进细胞的伸长生长有效，短波光（紫外光）则抑制细胞过分伸长生长。光质能影响蔬菜的品质，紫外光有利于维生素 C 的合成和花青素的形成。设施栽培的蔬菜易发生徒长，栽培番茄、黄瓜等蔬菜时，其果实维生素 C 的含量往往没有露地栽培的高，栽培的紫茄子紫色较浅，就是因为玻璃、薄膜阻隔了紫外光的透过。

3. 光周期对蔬菜生长发育的影响

蔬菜作物通过感受昼夜长短变化而控制开花的现象称为光周期。根据蔬菜作物花芽分化对日照长度的要求可将可将其分为三类：

（1）长日性蔬菜　日照长度长于一定时间（一般为 12～14h）能促进植株开花，否则延迟开花或不开花。代表蔬菜有白菜、芥菜、萝卜、胡萝卜、芹菜、菠菜、豌豆、大葱等。这类蔬菜都在春季开花，多为二年生蔬菜。

（2）短日性蔬菜　日照长度短于一定时间（一般小于 12h）能促进植株开花，否则不开花或延迟开花。代表蔬菜有佛手瓜、扁豆、苋菜、棱丝瓜、蕹菜、落葵等，见图 1-13。

(a) 佛手瓜　　　　　　　　　　　　　　　(b) 蕹菜(空心菜)

图 1-13　**短日性蔬菜**

（3）日中性蔬菜　开花对日照长短要求不严，在较长或较短的日照条件下都能开花。代表蔬菜有黄瓜、番茄、菜豆等。

我的扁豆为啥才结荚?

了解蔬菜对光周期的反应，对蔬菜栽培和新品种引进具有重要的指导意义。长日性蔬菜由南向北引种，夏季日照加长，会加速发育，但由北向南引种时，会延迟发育甚至不能开花结实。短日性蔬菜由南向北引种，夏季日照较长，延迟发育，营养生长旺盛，由北向南引种则提前开花结实。生产上采用适于本地日照变化的品种，才能获得较高的产量。在选择适宜的播种期上，要考虑蔬菜对光周期的反应，将其生育期安排在温度和光周期最适宜的季节，则容易获得高产。如扁豆、刀豆等短日性蔬菜宜在春末夏初播种，如过早播种，营养生长期加长，易造成茎叶徒长；过晚播种则使营养生长期缩短，植株不能充分生长，同样影响产量。

此外，一些蔬菜的产品形成与日照长度有关。如马铃薯、菊芋、芋及许多水生蔬菜的产品器官在较短的日照长度条件下形成，而洋葱、大蒜等一些鳞茎类蔬菜，形成鳞茎则要求较长日照长度。

知识链接——文化传承

中国古代第五大发明——二十四节气

"春雨惊春清谷天，夏满芒夏暑相连。秋处露秋寒霜降，冬雪雪冬小大寒。按照公历来推算，每月两节不改变，上半年来六、廿一，下半年是八、廿三。"二十四节气起源于黄河流域，反映了典型北方气候特点，与蔬菜生产息息相关，同时影响着千家万户的衣食住行。

我国古代用农历（月亮历）记时，用阳历（太阳历）划分春夏秋冬二十四节气。太阳从黄经零度起，沿黄经每运行 15 度所经历的时日称为"一个节气"。从二十四节气的命名可以看出，节气的划分充分考虑了季节、气候、物候等自然现象的变化。

2006 年 5 月 20 日，"二十四节气"经国务院批准列入第一批国家级非物质文化遗产名录。2016 年 11 月 30 日，联合国教科文组织正式通过决议，将我国申报的"二十四节气——中国人通过观察太阳周年运动而形成的时间知识体系及其实践"列入联合国教科文组织人类非物质文化遗产代表作名录。二十四节气指导着传统农业生产和日常生活，被誉为"中国的第五大发明"。

（三）水分

水是绿色植物进行光合作用的主要原料，也是植物细胞的主要成分，尤其是蔬菜作物，其产品大多数是柔嫩多汁的器官，含水量在 90% 以上，各种营养元素只有在水溶液的状态下才能被植物吸收。因此水分供应尤为重要。

1. 不同蔬菜种类对水分的要求

根据蔬菜作物需水特性不同，可将其分为五类。不同蔬菜种类对水分的要求如表 1-5 所示。

表1-5　不同蔬菜种类对水分的要求

类别	代表蔬菜	形态特征	需水特点	要求及管理
耐旱蔬菜	西瓜、甜瓜、胡萝卜等	叶片多缺刻、有茸毛或被蜡质、蒸腾量小，根系发达、入土深	消耗水分少，吸收力强	对空气湿度要求较低，能吸收深层水分，无须多灌水
半耐旱蔬菜	茄果类、豆类、马铃薯等	叶面积中等、组织较硬、多茸毛、水分蒸腾量较小，根系较发达	消耗水分较多，吸收力较强	对土壤和空气湿度要求不太高，需适度灌溉
半湿润蔬菜	葱蒜类、芦笋等	叶面积小、表面有蜡质，根系分布范围小、根毛少	消耗水分少，吸收力弱	耐较低空气湿度，对土壤湿度要求较高，应经常保持土壤湿润
湿润蔬菜	黄瓜、白菜、甘蓝、其他多数绿叶菜等	叶面积大、组织柔嫩，根系浅而弱	消耗水分多，吸收力弱	要求土壤和空气湿度均较高，应加强水分管理
水生蔬菜	藕、茭白、豆瓣菜等（图1-14）	叶面积大、组织柔嫩，根群不发达、根毛退化、吸收力很弱	消耗水分很多，吸收力很弱	要求较高的空气湿度，需在水中栽培

(a) 茭白　　　　　　　　　　　　　　(b) 豆瓣菜

图1-14　**水生蔬菜**

2. 不同生育期的需水特点

（1）发芽期　要求充足的水分，以供吸水膨胀。胡萝卜、葱等需吸收种子本身质量100%的水分才能萌发，豌豆甚至需要吸收150%的水分才能萌发。播种后尤其是播种浅的蔬菜，容易缺水，播后保墒是关键。

（2）幼苗期　此期叶面积小、蒸腾量小，需水量不大，但由于根初生、分布浅、吸收力弱，因而要求加强水分管理，保持土壤湿润。

（3）营养生长盛期　此期进行营养器官的形成和养分的大量积累，细胞、组织迅速增大，以及养分的制造、运转、积累、贮藏等，都需要大量的水分。栽培上这一时期需满足水分供应，但也要防止水分过多导致营养生长过旺。

（4）生殖生长期　开花期缺水影响花器官生长，水分过多时引起茎叶徒长，所以此期不管是缺水还是水分过多，均易导致落花落蕾。进入结果期，特别是结果盛期，果实膨大需较多的水分，应充足供应。

（四）土壤

蔬菜作物种类品种繁多，供食部位和生长特性各异，对土壤条件要求也各不相同。

1. 蔬菜生长与土壤条件

（1）土壤质地　不同蔬菜对土壤质地的要求不同，土壤质地是构成蔬菜特产区的基本条件。砂壤土土质疏松，通气排水好，不易板结、开裂，耕作方便，地温上升快，适于栽培吸收力强的耐旱性蔬菜，如南瓜、西瓜、甜瓜等；壤土土质疏松度适中、结构好，保水保肥能力较强，含有效养分多，适于绝大部分蔬菜生长；黏壤土的土质细密、保水保肥力强、养分含量高，有丰产的潜力，但排水不良、土表易板结开裂、耕作不方便、地温上升慢，适于晚熟品种栽培及水生蔬菜栽培。

（2）土壤溶液浓度和酸碱度　不同蔬菜对土壤溶液浓度的适应性不同。适应性强的有瓜类（除黄瓜）、菠菜、甘蓝类，在0.25%～0.3%的盐碱土中生长良好；适应性中等的有葱蒜类（除大葱）、小白菜、芹菜、芥菜等，能耐0.2%～0.25%的盐碱度；适应性较弱的有茄果类、豆类（除蚕豆、菜豆）、大白菜、萝卜、黄瓜等，能耐0.1%～0.2%的盐碱度；适应性弱的菜豆，只能在0.1%盐碱度以下的土壤中生长。蔬菜在不同生育时期耐盐能力不同，随着植株长大，细胞浓度增加，耐盐能力也随着增加，一般是成株耐盐能力比幼苗强 2 ～ 2.5 倍。所以在苗期不能用浓度太高的肥料，配制营养土时要注意选用富含有机质的土壤。

大多数蔬菜在中性至弱酸性的条件下生长良好（pH6 ～ 6.8）。不同蔬菜种类要求也有所不同，韭菜、菠菜、菜豆、黄瓜、花椰菜等要求中性土壤；番茄、南瓜、萝卜、胡萝卜等能在弱酸性土壤中生长；茄子、甘蓝、芹菜等较能耐盐碱性土壤。

2. 蔬菜生长与土壤营养

与禾谷类作物相比，蔬菜作物需肥量较大。在三要素中，对钾的需求量最大，其次为氮，对磷的需求量最小。蔬菜种类不同，对不同营养元素的需求量也不同。叶菜类对氮的需求量较大，根、茎类和叶球类蔬菜对钾的需求量相对较大，而果菜类需要较多而全面的营养。此外，蔬菜作物对钙和硼的需求量也较大。

不同种类蔬菜需肥量不同。一般是生长期长、产量高的需肥多，如大白菜、胡萝卜、马铃薯等；而生长快、产量低的速生性蔬菜需肥量较少。同种蔬菜在不同生长期对养分的需求也不同。发芽期主要是利用种子本身贮藏的养分，吸收外界养分极少；幼苗期个体小，吸收量也小，但在集中育苗条件下，秧苗密集、生长迅速，且根系较弱，因此对土壤养分要求较高；随着植株不断生长，所需各种营养不断增加，到产品器官形成期，吸收营养最多，需肥量达到最大，且对磷、钾的需求量增加。

（五）气体

影响蔬菜生长发育的气体条件主要是氧气和二氧化碳。大气中的氧气浓度相对稳定，因此对地上部分的生长影响不大。但根际往往会由于水涝或土壤板结而缺氧。生产中可通过中耕松土、覆盖地膜等方式来防止土壤板结。此外，设施蔬菜栽培是在封闭或半封闭条件下进行的，设施内外气体交换差，易出现二氧化碳不足和有害气体危害等现象，生产中需加以注意。

第四节　蔬菜的商品质量

蔬菜的商品质量包括外在质量和内在质量。通常蔬菜的外在质量较易判断，可通过人的视觉、触觉和嗅觉进行简单的感官鉴定。近年来，随着人们生活水平和保健意识的提高，蔬菜中的有害物质残留量和营养成分含量等内在质量越来越受到人们的重视。特别是我国加入WTO 以后，蔬菜出口量大幅度增加，对出口蔬菜内在质量的要求更为严格。

一、蔬菜的外观商品质量

1. 外观商品质量的内容

（1）合格质量　指商品蔬菜在流通过程中消费者能接受的最低限度，低于这一限度就不能作为商品蔬菜上市。这个最低质量标准主要是根据是否明显遭受病虫害、机械损伤和生理病害以及严重的菜体污染程度等来确定。例如，菜豆豆荚上有明显的病斑，大白菜叶层内有较多的蚜虫，番茄果实破裂，蔬菜在贮运及销售中受到较严重燃油或粉尘等污染的，均应视为不合格商品。

（2）外观质量　主要指蔬菜的颜色、大小、形状、整齐度及结构等外观可见的质量属性。整齐度是体现蔬菜商品群体质量的重要指标，包括颜色、形状、大小的整齐。同一优良品种在颜色、形状的整齐度上一般比较容易达到较高标准，而个体大小可能差异较大，虽然可以将其分为若干等级，但优质蔬菜的商品率会大大降低。

（3）口感质量　口感质量不容易从外观上判断，主要通过食用鉴别。口感是一个较复杂的质量内容，涉及风味、质地等多方面因素，另外还与消费者的口感与味觉差异有关。

（4）洁净质量　主要包括蔬菜的清洁程度和净菜比例两项内容。前者主要是指菜体表面是否受到明显的污染，后者则指通过采后处理将蔬菜不能食用的部分除去后，可食用部分的比例。

2. 蔬菜外观商品质量的鉴别和分级

感官鉴定是蔬菜外观商品质量最简便、实用和有效的检验方法。制定相应的标准对蔬菜商品质量进行鉴定和分级，不仅可以保护消费者的利益，也可通过市场竞争促进与提高蔬菜商品性生产，包括技术的改进与管理水平的提高。我国自 2006 年起制定了一系列蔬菜产品的等级规格行业标准。例如，根据《黄瓜等级规格》（NY/T 1587—2008）规定，黄瓜外观商品质量应符合以下基本要求：同一品种或相似品种；瓜条已充分膨大，但种皮柔嫩；瓜条完整；无苦味；清洁、无杂物、无异常外来水分；外观新鲜、有光泽，无萎蔫；无任何异常气味或味道；无冷害、冻害；无病斑、腐烂或变质；无虫害及其所造成的损伤。在符合基本要求的前提下，共分为特级、一级和二级，见表1-6。

表1-6　黄瓜等级划分

等级	要求
特级	具有该品种特有的颜色，光泽好； 瓜条直，每10cm长的瓜条弓形高度≤0.5cm； 距离瓜把端和瓜顶端3cm处的瓜身横径与中部相近，横径差≤0.5cm； 瓜把长占瓜条总长的比例≤1/8； 瓜皮无因运输或包装而造成的机械损伤
一级	具有该品种特有的颜色，光泽好； 瓜条较直，每10cm长的瓜条弓形高度>0.5cm且≤1cm； 距瓜把端和瓜顶端3cm处的瓜身横径与中部相近，横径差≤1cm； 瓜把长占瓜总长的比例≤1/7； 瓜皮有因运输或包装而造成的轻微机械损伤
二级	基本具有该品种特有的颜色，有光泽； 瓜条较直，每10cm长的瓜条弓形高度>1cm且≤2cm； 距瓜把端和瓜顶端3cm处的瓜身横径与中部相近，横径差≤2cm； 瓜把长占瓜总长的比例≤1/6； 允许瓜皮有少量因运输或包装而造成的机械损伤，但不影响果实耐贮性

每 10cm 长的瓜条弓形高度的测量方法见图 1-15。

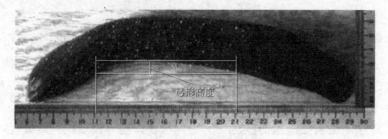

图1-15　黄瓜弓形高度测量方法

根据黄瓜果实的长度，分为大（L）、中（M）、小（S）三个规格，具体要求应符合表1-7的规定。

表1-7　黄瓜规格划分　　　　　　　　　　　　　　　　　　单位：cm

划分依据	大（L）	中（M）	小（S）
长度	>28	16～28	11～16
同一包装中最大果长和最小果长的差异	≤7	≤5	≤3

二、蔬菜的营养品质

蔬菜的营养功能主要是供给人体所需的各种维生素、矿物质及膳食纤维，还可补充供给一些植物蛋白、脂肪及热量，并有维持人体内酸碱平衡及帮助消化等功能。由于蔬菜的营养价值是由多种成分组成的，可通过计算"平均营养价值"（简称 ANV）来评价不同类蔬菜的营养价值。ANV（平均每100g可食部分）的计算公式为：

$$ANV = \frac{蛋白质（g）}{2} + 纤维素（g）+ \frac{钙（mg）}{100} + \frac{铁（mg）}{2} + 胡萝卜素（mg）+ \frac{维生素C（mg）}{40}$$

从表1-8可看出，叶菜类产出的平均营养价值高于其他种类，最高的是苋菜，其次是蕹菜和大白菜等。果菜类中甜椒营养价值较高。根茎类蔬菜中胡萝卜营养价值较高。

表1-8　几种类型蔬菜的平均营养价值

蔬菜种类		产量/（t/hm²）		ANV	每平方米ANV	生长期（定植至收获时间）/d	每平方米每天ANV
		收获部分	可食部分				
多肉质果实	番茄	45	42.3	2.39	101.0	160	0.63
	茄子	25	24.0	2.14	51.0	200	0.27
	甜椒	30	26.1	6.61	173.0	130	1.33
	黄瓜	50	40.0	1.69	68.0	150	0.45
	南瓜	20	16.6	2.08	44.0	150	0.30
	西瓜	40	25.2	0.90	23.0	120	0.19
叶类蔬菜	苋菜	30	18.0	11.32	204.0	50	4.08
	蕹菜	80	57.6	7.57	436.0	270	1.61
	大白菜	30	25.8	6.99	180.0	90	2.00
	结球莴苣	20	14.8	5.35	79.0	50	1.58
	甘蓝	40	34.0	3.52	120.0	90	1.33
豆科蔬菜	豇豆（豆荚）	7	6.2	3.74	23.0	150	0.15
鳞茎、块茎、根	洋葱	40	38.4	2.05	78.7	150	0.52
	胡萝卜	20	16.6	6.48	107.6	90	1.20
	芋头	20	16.8	2.38	40.0	120	0.33

三、蔬菜的安全卫生质量

蔬菜的安全卫生质量是指蔬菜产品内有害物质的含量被控制在规定限制值之内。例如，自然土壤中含有一定量的重金属，使蔬菜中也含有一定量的重金属。一般来说，蔬菜中这种重金属含量水平对人畜无害，只有农业环境受重金属污染后才能导致蔬菜的重金属污染。蔬菜由于本身代谢过程中存在着硝酸盐，其含量与蔬菜种类和环境等因素有关，当大量施用氮素化肥后，硝酸盐含量明显上升。若蔬菜贮藏加工不当，其中的硝酸盐易转化成亚硝酸盐。根据我国现行标准，蔬菜中有害物质的允许限量应符合表1-9规定的指标。

表1-9 有害物质限量

项目	蔬菜及其制品	限量/（mg/kg）
铅（以Pb计）	新鲜蔬菜（芸薹类蔬菜、叶菜蔬菜、豆类蔬菜、生姜、薯类除外）	0.1
	叶菜蔬菜	0.3
	芸薹类蔬菜、豆类蔬菜、生姜、薯类	0.2
	蔬菜制品（酱腌菜、干制蔬菜除外）	0.3
	酱腌菜	0.5
	干制蔬菜	0.8
镉（以Cd计）	新鲜蔬菜（叶菜蔬菜、豆类蔬菜、块根和块茎蔬菜、茎类蔬菜、黄花菜除外）	0.05
	叶菜蔬菜	0.2
	豆类蔬菜、块根和块茎蔬菜、茎类蔬菜（芹菜除外）	0.1
	芹菜、黄花菜	0.2
汞（以Hg计）	新鲜蔬菜	0.01
砷（以As计）	新鲜蔬菜	0.5
铬（以Gr计）	新鲜蔬菜	0.5
亚硝酸盐（以NaNO$_2$计）	酱腌菜	20

注：1. 新鲜蔬菜是指未经加工的、表面处理的、去皮或预切的、冷冻的蔬菜。蔬菜制品包括蔬菜罐头、干制蔬菜、酱腌菜、蔬菜泥（酱）、经水煮或油炸的蔬菜和其他蔬菜制品。
2. 表中数据来源于国家标准《食品安全国家标准 食品中污染物限量》（GB 2762—2022）。

蔬菜产品中农药残留限量标准可参照《食品安全国家标准 食品中农药最大残留限量》（GB 2763—2021），该标准规定了564种农药10092项残留限量。

 复习思考题

1. 什么是蔬菜？蔬菜栽培有何特点？

2. 根据农业生物学分类法，蔬菜作物可分为哪几类？各有何特点？

3. 蔬菜的生育周期可分为哪几个时期？各期的主要特点是什么？

4. 根据对温度的要求，蔬菜可分为哪几类？

5. 蔬菜不同生育时期对水分的要求有何特点？

6. 日照长度与蔬菜产品的形成有什么关系？

7. 举例说明种子春化型蔬菜与绿体春化型蔬菜的特性，说明其在生产中的意义。

8. 蔬菜的商品质量包括哪几面内容？

第二章

蔬菜栽培基本技术

- **目的要求** 正确识别常见蔬菜种子，掌握蔬菜种子处理、播种育苗、整地作畦、定植、搭架整枝、施肥灌水、茬次安排和安全生产等基本技术。
- **知识要点** 蔬菜种子及其特点；播种技术；菜畦的类型；蔬菜栽培制度；蔬菜栽培茬次安排。
- **技能要点** 蔬菜种子识别；种子处理和质量检测；穴盘育苗；嫁接育苗；播种；整地定植；搭架；植株调整；追肥灌水。
- **职业素养** 吃苦耐劳，躬身实践；严谨认真，精益求精；团结协作，责任担当；诚实守信，安全生产。

第一节 蔬菜播种技术

一、蔬菜种子及其特点

（一）蔬菜种子的含义

蔬菜栽培上应用的种子含义很广，概括地说泛指所有的播种材料。主要包括以下四类：

（1）植物学上的种子 由胚珠受精后形成。如瓜类、豆类、茄果类和白菜类蔬菜的种子。

（2）植物学上的果实 由胚珠和子房共同发育而成。如菊科（瘦果）、伞形科（双悬果）、藜科（聚合果）蔬菜的果实（图 2-1）。

（3）营养器官 有些蔬菜用鳞茎（大蒜、百合）、球茎（芋头、荸荠）、根茎（生姜、莲藕）、块茎（马铃薯、山药）作为播种材料。

（4）菌丝体 真菌的菌丝体，如蘑菇、木耳等。

（二）蔬菜种子的形态和结构

1. 种子的形态

种子形态指种子的外形、大小、颜色、表面光洁度、种子表面特点（如沟、棱、毛刺、网纹、蜡质、突起物等），常见蔬菜种子形态见图 2-2。种子形态是鉴别蔬菜种类、判断种子质量的重要依据。如成熟种子色泽较深，具蜡质；欠成熟的种子色泽浅，皱瘪。新种子色泽鲜艳光洁，具香味；陈种子色泽灰暗，具霉味。

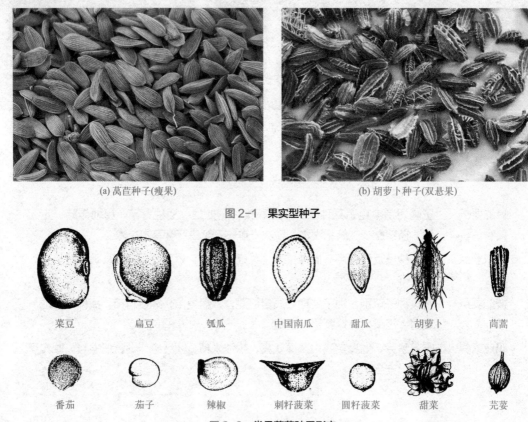

(a) 莴苣种子(瘦果)   (b) 胡萝卜种子(双悬果)

图 2-1　果实型种子

菜豆	扁豆	瓠瓜	中国南瓜	甜瓜	胡萝卜	茼蒿
番茄	茄子	辣椒	刺籽菠菜	圆籽菠菜	甜菜	芫荽

图 2-2　**常见蔬菜种子形态**

(吴志行，1993)

蔬菜种子的大小差别很大，小粒种子的千粒重只有 1g 左右，大粒种子千粒重却高达 1000g 以上。一般瓜类、豆类蔬菜种子较大，绿叶菜类种子相对较小，如荠菜、芹菜、苋菜的种子，如图 2-3 所示。种子的大小与营养物质的含量有关，对胚的发育有重要作用，还关系到出苗的难易和秧苗的生长发育速度。种子愈小，播种的技术要求愈高，苗期生长愈缓慢。

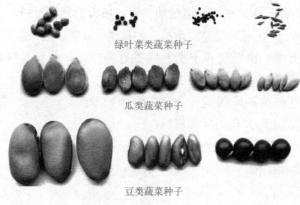

绿叶菜类蔬菜种子

瓜类蔬菜种子

豆类蔬菜种子

图 2-3　**蔬菜种子大小比较**

2. 种子的结构

蔬菜种子结构包括种皮、胚，胚是种子内幼小的植株，由胚根、胚轴、胚芽和子叶四部分组成，如图2-4所示。有的蔬菜种子还有胚乳，有的果实型种子还有果皮。根据成熟种子胚乳的有无，可将种子分成有胚乳种子（如番茄、菠菜、芹菜、韭菜的种子）和无胚乳种子（如瓜类、豆类、白菜类的种子）。

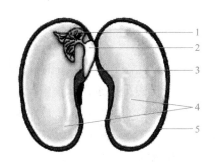

图2-4　无胚乳种子结构

1—胚芽；2—胚轴；3—胚根；4—子叶；5—种皮

（三）种子寿命和使用年限

种子的寿命又叫发芽年限，是指种子保持发芽能力的时间。种子寿命和种子在生产上的使用年限不同。生产上通常以能保持60%～80%发芽率的最长贮藏年限为使用年限。一般贮藏条件下，蔬菜种子的寿命不过1～6年，使用年限只有1～3年（表2-1）。

蔬菜种子
大观园

表2-1　主要蔬菜的种子寿命与使用年限　　　　单位：年

蔬菜名称	寿命	使用年限	蔬菜名称	寿命	使用年限
大白菜	4～5	1～2	芜菁	3～4	1～2
甘蓝	5	1～2	根用芥菜	4	1～2
球茎甘蓝	5	1～2	菠菜	5～6	1～2
花椰菜	5	1～2	芹菜	6	2～3
芥菜	4～5	2	胡萝卜	5～6	2～3
萝卜	5	1～2	莴苣	5	2～3
洋葱	2	1	瓠瓜	2	1～2
韭菜	2	1	丝瓜	5	2～3
大葱	1～2	1	西瓜	5	2～3
番茄	4	2～3	甜瓜	5	2～3
辣椒	4	2～3	菜豆	3	1～2
茄子	5	2～3	豇豆	5	1～2
黄瓜	5	2～3	豌豆	3	1～2
南瓜	4～5	2～3	蚕豆	3	2
冬瓜	4	1～2	扁豆	3	2

（四）种子的萌发特性

1. 种子萌发的过程

蔬菜种子的萌发需经历吸水、萌动和出苗的过程。种子吸水可分为吸胀吸水和生理吸水两个阶段。有生活力的种子，随着水分吸收，酶的活动能力加强，贮藏的营养物质开始转化和运输；胚部细胞开始分裂、伸长。胚根首先从发芽孔伸出，这就是种子的萌动，俗称"露白"或"破嘴"。种子露白后，胚根、胚轴、子叶、胚芽的生长加快，胚轴顶着幼芽破土而出。

2. 种子萌发的条件

种子萌发

充足的水分、适宜的温度和足够的氧气是种子萌发的三个基本条件。

（1）充足的水分　水分是种子萌发的重要条件，种子萌发的第一步就是吸水。一般蔬菜种子浸种 12h 即可完成吸水过程，提高水温（40 ~ 60℃）可使种子吸水加快。种子吸水过程与土壤溶液渗透压及水中气体含量有密切关系。土壤溶液浓度高、水中氧气不足或二氧化碳含量增加，可使种子吸水受抑制。种皮的结构也会影响种子的吸水，例如十字花科种皮薄，浸种 4 ~ 5h 可吸足水分，黄瓜则需 4 ~ 6h，葱、韭菜需 12h。

（2）适宜的温度　蔬菜种子发芽要求一定的温度，不同蔬菜种子发芽要求的温度不同。喜温蔬菜种子发芽要求较高的温度，适温一般为 25 ~ 30℃；耐寒、半耐寒蔬菜种子发芽适温为 15 ~ 20℃。在适温范围内，发芽迅速，发芽率也高。

（3）足够的氧气　种子贮藏期间，呼吸微弱，需氧量极少，但种子一旦吸水萌动，则对氧气的需要急剧增加。种子发芽要求空气中的氧气含量 10% 以上，无氧或氧不足，种子不能发芽或发芽不良。

光能影响种子发芽，根据种子发芽对光的要求，可将蔬菜种子分为需光种子、嫌光种子和中光种子三类。需光种子发芽需要一定的光，在黑暗条件下发芽不良，如莴苣、紫苏、芹菜、胡萝卜等；嫌光种子要求在黑暗条件下发芽，有光时发芽不良，如苋菜、葱、韭菜及其他一些百合科蔬菜种子；大多数蔬菜种子为中光种子，在有光或黑暗条件下均能正常发芽。

二、蔬菜种子的质量检验

蔬菜种子质量的优劣，最终表现为播种的出苗速度、整齐度、秧苗纯度和健壮程度等。这些种子的质量标准，应在播种前确定，以便做到播种、育苗准确可靠。种子质量的检验内容包括种子净度、品种纯度、千粒重、发芽势和发芽率等。

1. 种子净度

指供检样品中净种子的质量比例，其他植物种子、泥沙、花器残体、果皮等都属于杂质。

2. 品种纯度

是指品种在特征、特性方面典型一致的程度，是鉴定品种一致性程度高低的指标。用本品种的种子数占供检样本种子数的比例表示。

3. 千粒重

是度量蔬菜种子饱满度的指标，用自然干燥状态的 1000 粒种子的质量（g）表示，又称"绝对重量"。同一品种的蔬菜种子，千粒重越大，种子越饱满充实，播种质量越高。

4. 发芽势

指种子发芽试验初期（规定日期内）正常发芽种子数占供试种子的比例。种子发芽势高，则表示种子活力强、发芽整齐、出苗一致，增产潜力大。种子发芽势的计算公式：

$$种子发芽势 = \frac{发芽试验初期（规定日期内）正常发芽种子粒数}{供试种子粒数} \times 100\%$$

5. 发芽率

指在发芽试验终期（规定日期内）全部正常发芽种子数占供试种子数的比例。种子发芽率的计算公式：

$$种子发芽率 = \frac{发芽试验终期（规定日期内）全部正常发芽种子粒数}{供试种子粒数} \times 100\%$$

统计发芽种子数时，凡是没有幼根、幼根畸形、有根无芽、有芽无根毛及种子腐烂者都不算发芽种子。蔬菜种子发芽势和发芽率的测定条件及规定时间见表2-2。

表2-2　蔬菜种子的发芽技术规定

种名（变种名）	发芽床	温度/℃	初次计数/d	末次计数/d	附加说明，包括破除休眠的建议
洋葱	TP；BP；S	20；15	6	12	预先冷冻
葱	TP；BP；S	20；15	6	12	预先冷冻
韭菜	TP	20～30；20	6	14	预先冷冻
芹菜	TP	20～30；20；15	10	21	预先冷冻；KNO_3
冬瓜	TP；BP	21～30；30	7	14	
结球甘蓝	TP	15～25；20	5	10	预先冷冻；KNO_3
花椰菜	TP	15～25；20	5	10	预先冷冻；KNO_3
青花菜	TP	15～25；20	5	10	预先冷冻；KNO_3
结球白菜	TP	15～25；20	5	7	预先冷冻
辣椒	TP；BP；S	20～30；30	7	14	KNO_3
甜椒	TP；BP；S	20～30；30	7	14	KNO_3
芫荽	TP；BP	20～30；20	7	21	
甜瓜	BP；S	20～30；25	4	8	
黄瓜	TP；BP；S	20～30；25	4	8	
笋瓜	BP；S	20～30；25	4	8	
南瓜	BP；S	20～30；25	4	8	
西葫芦	BP；S	20～30；25	4	8	
胡萝卜	TP；BP	20～30；20	7	14	
瓠瓜	BP；S	20～30	4	14	
普通丝瓜	BP；S	20～30；30	4	14	

种名 (变种名)	发芽床	温度/℃	初次计数/d	末次计数/d	附加说明，包括破 除休眠的建议
番茄	TP；BP；S	20～30；25	5	14	KNO$_3$
苦瓜	BP；S	20～30；30	4	14	
菜豆	BP；S	20～30；25；20	5	9	
豌豆	BP；S	20	5	8	
萝卜	TP；BP；S	20～30；20	4	10	预先冷冻
茄子	TP；BP；S	20～30；30	7	14	
菠菜	TP；BP	15～10	7	21	预先冷冻
蚕豆	BP；S	20	4	14	预先冷冻
长豇豆	BP；S	20～30；25	5	8	
矮豇豆	BP；S	20～30；25	5	8	

注：1. 表中符号TP为纸上，BP为纸间，S为砂。
2. 表中数据来源于《农作物种子检验规程》。

三、种子播前处理

种子播前处理包括浸种、催芽、种子消毒、机械处理等。播前处理能促进种子迅速整齐地萌发、出苗，消灭种子内外附着的病原菌，增强幼胚和秧苗的抗性。

1. 浸种

浸种是将种子浸泡在一定温度的水中，使其在短时间内充分吸水，达到萌芽所需的基本水量。水温和时间是浸种的重要条件。

（1）一般浸种　指用温度与种子发芽适温（20～30℃）相同的水浸泡种子。一般浸种法对种子只起供水作用，无灭菌和促进种子吸水作用，适用于种皮薄、吸水快的种子。

（2）温汤浸种　先用少量凉水将种子浸泡洗净，将种子投入55～60℃的热水中，用筷子向一个方向不停搅拌，以保证种子受热均匀。由于55℃是大多数病原菌的致死温度，15min是在致死温度下的致死时间，因此，温汤浸种对种子具有灭菌作用。适用于种皮较薄，吸水较快的种子。为保证水温不下降，可采用"双盆法"保温，即浸种时用一大一小两个盆，大盆中盛装水温为70℃的热水，小盆内盛装水温为55℃的温水，将小盆放在大盆中，通过水浴加热保持恒温。在小盆内浸种搅拌。15min后在室温下继续浸种8～10h，使之吸足水分。

（3）热水烫种　将充分干燥的种子投入75～85℃的热水中，然后用两个容器来回倾倒搅动，直至水温降至室温，转入一般浸种。热水烫种有利于提高种皮透性，加速种子吸水，还可起到灭菌消毒的作用。适用于一些种皮坚硬、革质或附有蜡质、吸水困难的种子，如西瓜、丝瓜、苦瓜、蛇瓜等种子。种皮薄的种子不宜采用此法，避免烫伤种胚。

浸种前应将种子充分淘洗干净，除去果肉物质和种皮上的黏液，以利于种子迅速充分地吸水。浸种水量以种子体积的5～6倍为宜，浸种过程中要保持水质清新，可在中间换1次水。主要蔬菜的适宜浸种水温与时间见表2-3。

表2-3　主要蔬菜浸种催芽的适宜温度与时间

蔬菜种类	浸种		催芽		蔬菜种类	浸种		催芽	
	水温/℃	时间/h	温度/℃	时间/d		水温/℃	时间/h	温度/℃	时间/d
黄瓜	25～30	4～8	25～30	1～1.5	甘蓝	20	3～4	18～20	1.5
西葫芦	25～30	8～12	25～30	2	花椰菜	20	3～4	18～20	1.5
番茄	25～30	10～12	25～28	2～3	芹菜	20	24	20～22	2～3
辣椒	25～30	10～12	25～30	4～5	菠菜	20	24	15～20	2～3
茄子	30	20～24	28～30	6～7	冬瓜	25～30	12+12*	28～30	3～4

*浸种12h后，将种子捞出晾10～12h，再浸12h。

2. 催芽

催芽是将已吸足水的种子，置于黑暗或弱光环境里，并给予适宜温度、湿度和氧气条件，促使其迅速发芽。具体方法是将已经吸足水的种子用保水透气的材料（如湿纱布、毛巾等）包好，种子包呈松散状态，置于适温条件下。催芽期间，一般每4～5h翻动种子包1次，以保证种子萌动期间有充足的氧气供给。每天用清水投洗1～2次，除去种子表皮的黏液、呼吸热，并补充水分。也可将吸足水的种子和湿沙按1:1体积混拌催芽。催芽期间要用温度计随时监测温度。当大部分种子露白时，停止催芽，准备播种。若遇恶劣天气不能及时播种，应将种子放在5～10℃低温环境下，保湿待播。主要蔬菜的催芽适宜温度和时间见表2-3。

催芽过程中，采用胚芽锻炼和变温处理有利于提高幼苗的抗寒力和种子的发芽整齐度。胚芽锻炼是将萌动的种子放到0℃环境中冷冻12～18h，然后用凉水缓冻，置于18～22℃条件下处理6～12h，最后放到适温条件下催芽。锻炼过程中要保持种子湿润，变温要缓慢。经锻炼后，胚芽原生质黏性增大，糖分含量增大，对低温的适应性增强，幼苗的抗寒力增强，适用于瓜类和茄果类的种子。变温处理是在催芽过程中，每天给予12～18h的高温（28～30℃）和12～6h的低温（16～18℃）交替处理，直至出芽。

3. 种子消毒

（1）高温灭菌　结合浸种，利用55℃以上的热水进行烫种，杀死种子表面和内部的病菌。或采用干热处理，即将干燥（含水量低于2.5%）的种子置于60～80℃的高温下处理几小时至几天，以杀死种子内外的病原菌和病毒。

（2）药液浸种　先将种子在清水中浸泡4～6h，捞出后沥干水，再浸到一定浓度的药液里，经一定时间后取出，清洗后播种，可达到杀菌消毒的目的。浸种的药剂必须是溶液或乳浊液，浓度、时间要严格掌握。药液浸种后必须用清水投洗干净后才能继续催芽、播种，否则易产生药害或影响药效。药液用量一般为种子体积的2倍左右。常用浸种药液有800倍的50%多菌灵溶液、800倍的甲基硫菌灵溶液、100倍的福尔马林溶液、10%的磷酸三钠溶液、1%的硫酸铜溶液、0.1%的高锰酸钾溶液等。

（3）药剂拌种　将药剂和种子拌在一起，种子表面附着均匀的药粉，以达到杀死种子表面的病原菌和防止土壤中病菌侵入的目的。拌种的药粉、种子都必须是干燥的，否则会引起药害和影响种子蘸药的均匀度，用药量一般为种子质量的0.2%～0.5%，药粉需精确称量。操作时先把种子放入罐内或瓶内，加入药粉，加盖后摇动5min，可使药粉充分且均匀地粘在种子表面。拌种常用药剂有克菌丹、敌克松、福美双等。

4．其他处理方法

（1）微量元素处理　微量元素是酶的组成部分，参与酶的活化作用。播前用微量元素溶液浸泡种子，可使胚的细胞质发生内在变化，使之长成健壮、生命力强、产量较高的植株。目前生产上应用的有 0.02% 的硼酸溶液浸泡番茄、茄子、辣椒种子 5～6h，0.02% 硫酸铜、0.02% 硫酸锌或 0.02% 硫酸锰溶液浸泡瓜类、茄果类种子 5～6h，有促进早熟、增加产量的作用。

（2）激素处理　用 150～200mg/L 的赤霉酸溶液浸种 12～24h，有助于打破休眠，促进发芽。

（3）机械处理　有些种子因种皮太厚，需要播前进行机械处理才能正常发芽。如对胡萝卜、芫荽、菠菜等种子播前搓去刺毛、磨薄果皮，苦瓜、蛇瓜种子催芽前嗑开种喙，均有利于种子的萌发和迅速出苗。

四、蔬菜播种技术

1．播种期的确定

播种期的正确与否关系到产量的高低、品质的优劣和病虫害的轻重，在蔬菜一年多作地区还关系到前后茬口的安排。例如，华北地区立秋前播种大白菜，病害较重，影响产量。江淮流域秋马铃薯播种过早，天气炎热，不利于块茎的形成。要使蔬菜健壮生长，取得高产、稳产和优质，须安排合理的播种期，使蔬菜在温光水肥等条件较适宜的时期进行生长。

确定露地播种期的总原则是：根据不同蔬菜对气候条件的要求，把蔬菜的旺盛生长期和产品器官主要形成期安排在气候（主要指温度）最适宜季节，以充分发挥作物的生产潜力。根据这一原则，对于喜温蔬菜春播，可在终霜后进行；对于不耐高温的西葫芦、菜豆、番茄等，应考虑避开炎夏；对于不耐涝的西瓜、甜瓜，应考虑躲开雨季；二年生半耐寒蔬菜（大白菜、萝卜）可在秋季播种，葱蒜类、菠菜也可在晚秋播种，速生蔬菜可分期连续播种。设施蔬菜播种期可根据蔬菜种类、育苗设备、安全定植期确定，用安全定植期减去日历苗龄来推算。

2．播种方式

根据下种的形式不同，蔬菜播种可分为撒播、条播和穴播三种方式：

（1）撒播　撒播是将种子均匀撒播到畦面上。撒播的优点是蔬菜密度大，单位面积产量高，可以经济利用土地；缺点是种子用量大，间苗费工，对撒籽技术和覆土厚度要求严格。适用于生长迅速、植株矮小的速生菜类及苗床播种。

（2）条播　条播是将种子均匀撒在规定的播种沟内。条播地块行间较宽，便于机械化播种及中耕、起垄，同时用种量也减少，覆土方便。适用于单株占地面积较小而生长期较长的蔬菜，如菠菜、胡萝卜、大葱等。

（3）穴播　又称点播，指将种子播在规定的穴内。适用于营养面积大、生长期较长的蔬菜，如豆类、茄果类、瓜类等。点播用种最省，也便于机械化耕作管理，但播种用工多，出苗不整齐，易缺苗。

根据播种前是否浇水可分为干播和湿播两种方式：

（1）干播　将干种子播于墒情适宜的土壤中，播前将播种沟或播种畦踩实，播种覆土后，轻轻镇压土面，使土壤和种子紧紧贴合以助吸水。

（2）湿播　播种前先打底水，但待水渗后再播。浸种或催芽的种子必须湿播。

播种深度（覆土厚度）主要根据种子大小、土壤质地、土壤温度、土壤湿度及气候条件而定。种子小，贮藏物质少，发芽后顶土能力弱，宜浅播；反之，大粒种子宜深播。种子播种深度以种子直径的 2～6 倍为宜，小粒种子覆土 0.5～1.0cm，中粒种子覆土 1.0～1.5cm，大粒种子覆土 3.0cm 左右。另外，砂质土壤播种宜深，黏重土、地下水位高者宜浅播；高温干燥时宜深播，天气阴湿时宜浅播。芹菜种子喜光宜浅播。

3. 播种量

播种量应根据蔬菜的种植密度、单位重量的种子粒数、种子的使用价值及播种方式、播种季节来确定。点播种子播种量计算公式如下：

$$单位面积播种量（g）=\frac{种植密度（穴数）×每穴种子粒数}{每克种子粒数×种子使用价值}×安全系数（1.2～4.0）$$

$$种子使用价值=种子纯度×种子发芽率$$

撒播法和条播法的播种量可参考点播法进行确定，但精确性不如点播法高。主要蔬菜的参考播种量见表 2-4。

表2-4　主要蔬菜的参考播种量

蔬菜种类	种子千粒重/g	亩用种量/g	蔬菜种类	种子千粒重/g	亩用种量/g
大白菜	0.8～3.2	125～150（直播）	大葱	3～3.5	300（育苗）
小白菜	1.5～1.8	250（育苗）	洋葱	2.8～3.7	250～350（育苗）
小白菜	1.5～1.8	1500（直播）	韭菜	2.8～3.9	3000（育苗）
结球甘蓝	3～4.3	25～50（育苗）	茄子	4～5	20～35（育苗）
花椰菜	2.5～3.3	25～50（育苗）	辣椒	5～6	80～100（育苗）
球茎甘蓝	2.5～3.3	25～50（育苗）	番茄	2.8～3.3	25～30（育苗）
大萝卜	7～8	200～250（直播）	黄瓜	25～31	125～150（育苗）
小萝卜	8～10	150～250（直播）	冬瓜	42～59	150（育苗）
胡萝卜	1～1.1	1500～2000（直播）	南瓜	140～350	250～400（育苗）
芹菜	0.5～0.6	150～250（育苗）	西葫芦	140～200	250～450（育苗）
芫荽	6.85	2500～3000（直播）	西瓜	60～140	100～160（育苗）
菠菜	8～11	3000～5000（直播）	甜瓜	30～55	100（育苗）
茼蒿	2.1	1500～2000（直播）	菜豆（矮）	500	6000～8000（直播）
莴苣	0.8～1.2	20～25（育苗）	菜豆（蔓）	180	1500～2000（直播）
结球莴苣	0.8～1	20～25（育苗）	豇豆	81～122	1000～1500（直播）

注：1亩≈667m^2，以下同。

第二节　蔬菜育苗技术

蔬菜育苗可以提前播种、提前收获，有效提高了土地的利用率，增加了菜田复种指数；

育苗便于集中管理，有利于节约种子和管理成本。故育苗在蔬菜生产中普遍应用。当前，蔬菜育苗多采用无土基质，秧苗质量高，定植不伤根，设施栽培的果菜类为防止土传病害，经常采用嫁接育苗。

一、泥炭营养块育苗

泥炭育苗营养块以草本泥炭为主要原料，添加适量营养元素、保水剂、固化成型剂、微生物等，经科学配方、压缩成型的新型育苗材料，具有无菌、无毒、营养齐全、透气、保壮苗及改良土壤等多种功效。

利用泥炭营养块育苗实行单籽直播，省去了配制营养土、制作苗床、分苗等工序，还大大减少了用种量，降低了生产成本。而且泥炭营养块养分齐全、疏松透气，不但提高了秧苗质量，还隔绝了土传病害，带坨移栽成活率几乎达100%。其具体操作步骤如下。

1. 苗床准备

（1）苗床设置　首先选择温室温光条件好的地方，做成宽1.2～1.4m、长5～10m、畦埂高10cm的苗床。床底部整平压实。苗床做好后，在床底平铺一层塑料薄膜，四周延伸到畦埂上，以防止水分渗漏和根系下扎。

（2）摆块胀块　果菜类育苗可选用圆形大孔重40g的营养块，将营养块按1～2cm间距整齐地摆放在苗床内。压缩型泥炭育苗营养块使用前需吸水膨胀，需水量一般为其质量的1.5倍。营养块摆好后，分两次灌水。第一次要喷水，就是先对摆放好的营养块自上而下雾状喷水1～2次，使表面湿润。不要用冲力很大的水管正对营养钵浇，容易造成散坨。第二次灌水，用去掉喷壶嘴的喷壶从营养块之间的空隙中灌水，等待水分完全吸收。水吸干后用牙签或铁丝扎营养块，看是否有硬芯。如果仍有硬芯，要继续补水，直到吸水完全。水吸足后将地膜上的积水排掉（图2-5），放置4～8h后进行播种。

图2-5　吸水膨胀的营养块

2. 种子处理与播种

（1）种子处理　种子播前按常规方法进行晒种、消毒、浸种、催芽，催芽露白70%时播种。

（2）播种　营养块吸水膨胀的第 2 天，在每个育苗营养块内播一粒发芽种子，播后覆土。泥炭营养块育苗隔绝了幼苗与土壤的接触，能够有效防止土传病害的发生。因此应特别注意播种后一定要覆盖无土基质（如蛭石）或经严格消毒的营养土，以防止覆盖用土壤带菌，引发苗期病害。

3. 苗期管理

（1）出苗前　播种后不要移动、按压营养块，否则易破碎，2 天后结成一体、恢复强度，方可移动。低温季节盖地膜保温保湿，高温季节盖遮阳网降温保湿，破土约 70% 时揭膜。育苗块间隙不必填土，以保持通气透水，防止根系外扩。

（2）小苗期及成苗期　小苗期要尽量控制水分，防止水分过大导致徒长。出苗 15 天后可根据幼苗水分需求逐渐增加水分供应。浇水应在早晨棚温上升前进行，绝不能用喷壶喷水，应用小水流从床底缓慢灌水（溜缝），让水分从育苗块底部吸收上去，有利于降低育苗块表面温度，延长水分供应时间。日常水分管理以见干见湿为好，切忌苗床长时间积水。以后随着幼苗生长，不断加大营养块间距，防止幼苗因密度过大而徒长。营养块易失水，成苗期要及时补充水分防止叶片萎蔫。注意控制夜间温度，防止幼苗徒长。

（3）定植前　定植前 7 ～ 10 天开始，加大通风量，降低苗床温度进行炼苗。瓜类幼苗 3 叶 1 心时、茄果类幼苗具 4 ～ 5 片叶时即可定植。

泥炭营养块育苗

二、穴盘育苗

穴盘育苗是以不同规格的专用穴盘作容器，用草炭、蛭石等轻质无土材料作基质，通过精量播种（一穴一粒）、覆土、浇水，一次成苗的现代化育苗技术。我国引进以后称其为机械化育苗或工厂化育苗，目前多称为穴盘育苗。穴盘育苗运用智能化、工程化、机械化的育苗技术，摆脱自然条件的束缚和地域性限制，实现蔬菜、花卉种苗的工厂化生产。

1. 穴盘育苗的优点

（1）节本增效　穴盘育苗采用自动化播种，集中育苗，节省人力物力，人均管理苗数是常规育苗的 10 倍以上，每万株苗耗煤量是常规育苗的 25% ～ 50%。与常规育苗相比，成本可降低 30% ～ 50%。

（2）秧苗质量好，无土传病害，幼苗的抗逆性增强，并且定植时不伤根，没有缓苗期。

（3）适合机械化移栽　穴盘苗重量轻，每株重量仅为 30 ～ 50g，是常规苗的 6% ～ 10%。基质保水能力强，根坨不易散，适宜远距离运输和机械化移栽，移栽效率提高 4 ～ 5 倍。

2. 穴盘育苗的配套设备

（1）精量播种系统　该系统承担基质的前处理、基质的混拌、装盘、压穴、精量播种，以及播种后的覆盖、喷水等项作业。精量播种机是这个系统的核心部分，根据播种机的作业原理不同，有真空吸附式和机械转动式两种类型。真空吸附式播种机对种子形状和粒径大小没有严格要求，播种之前无须对种子进行丸粒化加工。而机械转动式播种机对种子粒径大小和形状要求比较严格，除十字花科蔬菜的一些种类外，播种之前必须把种子加工成近圆球形。

（2）穴盘　根据孔穴数量和孔径大小不同，穴盘分为 50 孔、72 孔、128 孔、200 孔、

288 孔、392 孔和 512 孔。我国使用的穴盘以 72 孔、128 孔和 288 孔者居多，每盘容积分别为 4630mL、3645mL、2765mL。番茄、茄子、早熟甘蓝育苗多选用 72 孔穴盘，辣椒及中晚熟甘蓝大多选用 128 孔穴盘，春季育小苗选用 288 孔穴盘，夏播番茄、芹菜选用 288 孔或 200 孔穴盘，其他蔬菜如夏播茄子、秋菜花等均选用 128 孔穴盘。

（3）育苗基质　穴盘育苗单株营养面积小，每个穴孔盛装的基质量很少，要育出优质商品苗，必须选用理化性好的育苗基质。目前国内外一致公认草炭、蛭石、珍珠岩、废菇料等是蔬菜理想的育苗基质材料。草炭最好选用灰藓草炭，pH5.0～5.5，养分含量高，亲水性能好。适合于冬春蔬菜育苗的基质配方为蛭石∶草炭 =1∶2 或平菇渣∶草炭∶蛭石 =1∶1∶1；适合于夏季育苗的基质配方为草炭∶蛭石∶珍珠岩 =1∶1∶1 或草炭∶蛭石∶珍珠岩 =2∶1∶1。为满足蔬菜苗期生长对养分的需求，在配制育苗基质时应考虑加入适量的大量元素（表 2-5）。

表2-5　穴盘育苗基质化肥推荐用量　　　　　　单位：kg/m³

蔬菜种类	氮磷钾复合肥（15∶15∶15）	尿素+磷酸二氢钾	
		尿素	磷酸二氢钾
冬春茄子	3.0～3.4	1.0～1.5	1.0～1.5
冬春辣（甜）椒	2.2～2.7	0.8～1.3	1.0～1.5
冬春番茄	2.0～2.5	0.5～1.2	0.5～1.2
春黄瓜	1.9～2.4	0.5～1.0	0.5～1.0
莴苣	0.7～1.2	0.2～0.5	0.3～0.7
甘蓝	2.6～3.1	1.0～1.5	0.4～0.8
西瓜	0.5～1.0	0.3	0.5
花椰菜	2.6～3.1	1.0～1.5	0.4～0.8
芥蓝	0.7～1.2	0.2～0.5	0.3～0.7

（4）育苗温室　温室是育苗中心的主要设施，建立 1 座育苗中心大约 50% 以上的开支是温室及温室设施的建造和购置费。黄河以北地区育苗温室宜选用节能型日光温室，其跨度应在 7m 以上，通道宽大于 1.5m，每亩温室可放置育苗盘 2500 个。设计上要考虑冬季室内最低气温不应低于 12℃，出现低温天气需采取临时加温措施，所以需配备加温设备。育苗温室务必选用无滴膜，防止水滴落入苗盘中。夏季育苗注意防雨、通风及配备遮阳设备。

（5）育苗床架　育苗床架的设置一是为育苗者作业操作方便，二是可以提高育苗盘的温度，三是可防止幼苗的根扎入地下，有利于根坨的形成。床架冬天可稍高些，夏天可稍矮些，一般为 50～70cm。为考虑浇水等作业管理方便，苗盘码放时要按一定间隔留有通道。

（6）肥水供给系统　采用微喷设备，自动喷水喷肥。没有微喷设备时，可以利用自来水管或水泵，接上软管和喷头，进行水分供给；需要喷肥时，在水管上安放加肥装置，利用虹吸作用，进行养分的补给。

（7）催芽室　穴盘育苗则是将裸籽或丸粒化种子直接通过精量播种机播进穴盘里。冬春季为了保证种子能够迅速整齐萌发，通常把播完种的穴盘首先送进催芽室，待种子 60% 拱土时挪出。催芽室应具备足够大的空间和良好的保温性能，内设育苗盘架和水源。催芽室距离育苗温室不应太远，以便在严寒冬季能够迅速转移已萌发的苗盘。如果育苗量较少，也可将催芽室设在育苗温室里，用塑料薄膜隔成一间小房子，提供足够的温度条件即可。

3. 穴盘育苗的生产技术流程

穴盘育苗的生产技术流程主要包括种子播前处理，基质、育苗盘的清洗、消毒、装盘，自动播种机播种或人工播种，催芽室催芽，育苗温室中绿化和炼苗等，如图2-6所示。

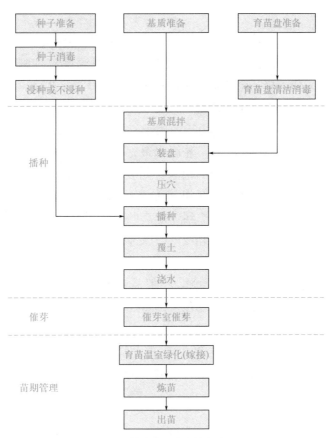

图2-6　穴盘育苗生产技术流程图

4. 番茄穴盘育苗的技术要点

（1）穴盘选择　育4～5叶苗用128孔穴盘，育5～6叶苗用72孔穴盘，育8～10片叶大苗用50孔穴盘。如使用旧穴盘，必须清洗干净，并用0.5%的高锰酸钾溶液浸泡消毒。

（2）基质配制与装盘　番茄集约化育苗对育苗基质的基本要求是有良好的保水性和透气性，无菌、无虫卵、无杂质。基质配方可用草炭:蛭石 = 2∶1（加三元复合肥1.0～1.5kg/m^3）；蚯蚓粪:蛭石 = 2∶1（加生物菌肥10kg/m^3）；草炭:蛭石 = 1∶1（加生物菌肥30kg/m^3）。覆盖料一律用蛭石。128孔穴盘每1000盘3.7m^3，72孔穴盘每1000盘4.7m^3，50孔穴盘每1000盘6m^3。调节基质含水量至55%～60%拌匀，然后装到穴盘中，用刮板刮平，使穴盘各个格室都装满基质。

（3）播种　种子播前须检测发芽率，所用种子发芽率应在95%以上。包衣种子不必浸种催芽，可直接单籽点播于穴盘中。未包衣种子可催芽后播种。50孔盘、72孔盘播种深度应大于1cm，128孔盘播种深度为0.5～1.0cm。播种覆盖作业完毕后，将育苗盘喷透水，以水从穴盘底孔滴出为宜。浇水后穴盘格室清晰可见。采用精量播种流水线可一次性完成基质混拌、装盘、压穴、播种、喷淋等一系列操作。

（4）催芽　穴盘浇透水后移入催芽室催芽。催芽室温度控制在25～30℃。在催芽过程中注意适当补充水分，防止种子落干和戴帽出土。4～5天后，当苗盘中60%种子拱土时，即可将苗盘搬进育苗温室见光绿化。

自动播种机播种过程

（5）苗期管理

① 温度管理。播种后气温保持在25～28℃，齐苗后，逐渐降低气温，气温白天保持在20～25℃，夜间在15～20℃。穴盘基质温度应控制在20～25℃，高于28℃时幼苗生长速度太快，极易形成徒长苗，管理上应去掉温室裙膜，保留顶棚膜，可采用遮阳网、风扇、水帘等设备进行空气降温。

② 水肥管理。番茄齐苗后，应以叶面喷水为主，使设施空气湿度控制在60%～80%。禁止大水浇灌，进行控水蹲苗。灌溉水最好用井水，有利于基质温度的降低。避免因根际温度的剧烈变化而损伤幼嫩的根系。需要喷水的基质标准是用手捏起基质，感觉发干、松散、不成团。根据空气湿度和基质情况决定喷水次数。由于所配制的育苗基质养分充足，一般只浇水即可。幼苗长到3片真叶后可用0.3%的尿素和0.2%的磷酸二氢钾叶面追肥。为防止徒长，可在幼苗2～3片真叶展开时，喷施1000mg/L的矮壮素溶液1～2次。

③ 光照管理。夏季育苗因为光照太强，一般需要进行遮阳处理。遮阳处理一是防止强光灼伤幼苗，二是可以降低育苗设施的温度。通常在育苗设施上方用遮阳网覆盖，一般处理时间在上午10∶30至下午14∶30。

（6）壮苗标准　苗龄一般在25～30天，番茄幼苗具4～5片真叶，茎粗5～6mm，株高15～20cm，茎秆粗壮，叶片肥厚，叶色深绿带紫，枝叶完整无机械损伤，须根发达，无病虫害。如图2-7所示。

图2-7　番茄壮苗

三、蔬菜嫁接育苗

蔬菜嫁接育苗又称"嫁接换根"，指将切去根系的蔬菜幼苗或带芽枝段接于另一种植物的适当部位，两者接口愈合后形成一株完整的新苗。无根的蔬菜幼苗或枝段称为接穗，提供根系的植株称为砧木。

1. 嫁接育苗的意义

蔬菜嫁接换根可有效地防止多种土传病害，克服设施连作障碍，并能利用砧木强大的根系吸收更多的水分和养分，同时增强植株的抗逆性，起到促进生长、提高产量的作用。

2. 砧木的选择和应用

优良的嫁接砧木应具备以下特点：嫁接亲和力强，共生亲和力强。表现为嫁接后易成活，成活后长势强；对接穗的主防病害表现为高抗或免疫；嫁接后抗逆性增强；对接穗果实的品质无不良影响或不良影响小。

目前常用蔬菜嫁接砧木多为野生种、半野生种或杂交种。如黄瓜多以黑籽南瓜为砧木，西瓜多以葫芦和瓠瓜为砧木，甜瓜多以杂种南瓜为砧木，番茄、茄子均以其野生品种为砧木。

3. 嫁接前的准备

（1）嫁接场所和工具的准备　嫁接场所最好在育苗温室内，嫁接时要求室温 20 ～ 25℃，相对湿度不低于80%，光照较弱。如天热光强，要遮阳降温。嫁接工具包括嫁接操作台、座凳、湿毛巾、竹签、双面刀片、嫁接夹、喷雾器、水桶、喷壶等。其中竹签要选取一面带有竹皮的细竹棍，一端削成长 5 ～ 7mm 的平滑单斜面，前端要平直锐利、无毛刺，用于砧木苗茎插孔；另一端削成 4 ～ 8mm 的大斜面，用于去除砧木生长点。

（2）砧木和接穗苗的培育　以黄瓜为接穗，以黑籽南瓜为砧木，可于定植前 40 天播种。以茄子为接穗，以野生茄子托鲁巴姆为砧木，则需要提前 70 ～ 90天播种。托鲁巴姆出苗慢，应比接穗提前 20 ～ 30 天播种。

一般接穗的播种量要比计划的苗数增加 20% ～ 30%，而砧木的播种量又要比接穗增加 20% ～ 30%。瓜类砧木可采用 50 孔或 72 孔穴盘单粒播种，接穗可用平盘播种，如采用穴盘播种，则每穴播 4 ～ 5 粒；托鲁巴姆播种前可用 100 ～ 200mg/L 的赤霉素溶液浸泡种子 24h，洗净后催芽，出芽后密集播于平盘或穴盘中，当第一片真叶展开时再移栽于穴盘中。接穗则可单粒播种或撒播后分苗。

4. 蔬菜常用嫁接方法

（1）瓜类顶插接法　砧木早播 6 ～ 7 天，当砧木第一片真叶半展开，接穗子叶展平时为嫁接适期。嫁接时先去除砧木第一片真叶，保留 1cm 长的叶柄和生长点，持竹签（或嫁接针）沿砧木一片子叶方向向下倾斜插入，插孔深度 5 ～ 7mm，竹签尖端略刺破表皮，暂不拔出。取一株黄瓜苗，在子叶以下 8 ～ 10mm，垂直于子叶方向的胚轴表面，向下斜削一刀，把胚轴削成 6 ～ 8mm 的平滑单楔面。此时拔出砧木上的竹签，右手捏住接穗两片子叶，插入孔中，切口朝下，使接穗两片子叶与砧木两片子叶呈十字花嵌合，接穗胚轴的尖端略露出砧木表皮。插接法的优点是接口较高，定植后不易接触土壤，省去了嫁接后去夹、断根等工序。缺点

黄瓜改良式
顶插接

是嫁接后对环境温湿度要求高。

（2）瓜类贴接法　采用贴接法接穗早播 3 ～ 4 天，砧穗下胚轴粗细接近时嫁接。用锋利刀片削去砧木一片子叶和生长点，椭圆形切口长 5 ～ 8mm。接穗在子叶下 8 ～ 10mm 处向下斜切一刀，形成长 5 ～ 8m 的单楔面切口。迅速将切口与砧木切口贴合，用嫁接夹固定（图 2-8）。贴接操作速度快，但砧木缺少一片子叶。

瓜类双断根嫁接

图 2-8　瓜类贴接苗

（3）茄子劈接法　当砧木长到 5 ～ 7 片真叶，接穗长到 4 ～ 6 片真叶，茎粗 3 ～ 5mm，茎呈半木质化时为最佳嫁接时期。砧木从第 2 片真叶之上、离地面 3 ～ 5cm 高处平切，去掉上部，然后在砧木茎中间垂直向下切入约 1cm 深。随后取大小与砧木一致的接穗苗，在其半木质化处（即苗茎黑紫色与绿色明显相间处）去掉下端，接穗留 2 叶，下部削成双斜面（楔形），大小与砧木切口相当（楔面长 6 ～ 8mm），将削好的接穗插入砧木切口中，使两者紧密接合，对齐后用圆孔嫁接夹固定好。劈接法操作方便、成活率高。

茄子嫁接育苗

（4）套管贴接法　多用于茄果类蔬菜。嫁接时砧木保留 2 片真叶，用刀片在第 2 片真叶上方的节间向上斜削，去掉顶端，形成角度为 30° 的斜面，斜面径长 10 ～ 15mm；再将接穗拔出，保留 2 ～ 3 片真叶，去掉下端，用刀片削成一个与砧木同样大小的斜面，然后将接穗和砧木的两个斜面贴合在一起，用套管夹子固定。

番茄套管贴接

5. 嫁接苗的管理

（1）嫁接后 1 ～ 3 天　嫁接完成后要立即将营养钵整齐地排放在铺有地热线、扣有小拱棚的苗床内保温保湿。此期是愈伤组织形成时期，也是嫁接苗成活的关键时期，一定要保证小拱棚内相对湿度达 95% 以上，日温保持 25 ～ 27℃，夜温 14 ～ 20℃，苗床全面遮阴。

（2）嫁接后 4～6 天　此期是假导管形成期。棚内的相对湿度应降低至 90% 左右，日温保持在 25℃左右，夜温 16～18℃，可见弱光。因此，小拱棚顶部每天可通风 1～2h，早晚可揭开遮阴覆盖物，使苗床见光。如管理正常，接穗的下胚轴会明显伸长，第一片真叶开始生长。

（3）嫁接后 7～10 天　此期是真导管形成期。棚内湿度应降至 85% 左右，湿度过大，易造成接穗徒长和叶片感病。因此，小棚应全天开 3～10cm 的缝隙，进行通风排湿，一般不再遮阴。正常条件下，接穗真叶半展开，标志着砧穗已经完全愈合，应及时将已成活的嫁接苗移出小拱棚。

（4）嫁接后 10～15 天　移出小棚后的嫁接苗经 2～3 天的适应期后，同自根苗一样进行大温差管理，以促进嫁接苗花芽分化。同时注意随时去除砧木萌蘖，靠接者还应及时给接穗断根。嫁接苗长出 3～4 片真叶时即可定植，定植时注意培土不可埋过接口处。

 知识链接——科技创新

枸杞嫁接番茄

　　用枸杞作砧木，小番茄作接穗，采用劈接、靠接或套管贴接等方法进行嫁接，可获得枸杞番茄嫁接苗。上述嫁接技术已在国内多家机构试验并获得成功。嫁接后的番茄苗长势强，有效避免了青枯病发生，同时果实皮薄味美，可溶性固形物含量较普通番茄有所提高，很受消费者欢迎。

第三节　蔬菜田间管理

一、整地定植

（一）整地做畦

1. 耕翻

　　耕翻是指在耕层范围内土壤在上下空间易位的耕作过程。土壤耕作按时间来划分，有春耕和秋耕。秋耕一般在秋季蔬菜收获后、土壤尚未结冻前进行。秋耕可以使土壤经过冻垡后质地疏松，增加吸水保水能力，消灭土壤中的越冬害虫，并可提高翌年春的土温。因此春季早熟栽培多采用秋耕。春耕是指对已秋耕过的菜田进行耙磨、镇压、保墒等作业，或对未秋耕的地块进行耕翻。春耕的目的在于为春播或定植做好准备，一般掌握在土壤化冻 5cm 左右时进行。在二作区或三作区，前茬栽培结束后，还应进行伏耕。

2. 做畦

　　根据当地的气候条件、土壤条件和作物种类的不同，菜畦可做成平畦、高畦、低畦或垄

（图 2-9）。平畦的土地利用率较高，适用于排水良好、雨量均匀的地区；低畦有利于蓄水和灌溉，适用于地下水位低、排水良好、气候干燥的地区；高畦和高垄有利于提高地温、加厚土层，且排水方便，南方多雨地区多采用高畦，北方需要灌溉的地区则多采用高垄。

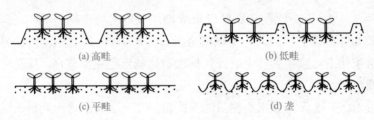

(a) 高畦　　　　　　　　　　　　　　(b) 低畦

(c) 平畦　　　　　　　　　　　　　　(d) 垄

图 2-9　菜畦的主要类型

（二）定植

采用育苗移栽的蔬菜，当秧苗达到定植标准以后，从苗床移栽到田间，称为定植。

1. 定植时期

确定秧苗定植时期要考虑当地的气候条件、蔬菜种类和栽培目的等。对于一些耐寒和半耐寒的蔬菜种类，长江以南地区多进行秋冬季栽培，以幼苗越冬；而在北方地区，多在春季土壤化冻后，10cm 土温在 5～10℃时定植。对于喜温性果菜类，温度是重要条件之一，一般要求日最低气温稳定在 5℃以上，10cm 土温应稳定在 10℃以上。果菜类抢早定植，安全定植指标是 10cm 土温不低于 10℃，并且不受晚霜的危害。在安全的前提下，提早定植是争取早熟高产的重要环节。

北方春季应选无风的晴天定植，最好定植后有 2～3 天的晴天，以借助较高的气温和土温促进缓苗。南方定植温度多较高，宜选无风阴天或傍晚，以避免烈日暴晒。

2. 定植方法

（1）明水定植法　整地作畦后，按要求的株行距开定植沟（穴），沟内栽苗，然后放明水。露地高温季节定植可采用沟灌以降温地温，设施低温季节生产则采用滴灌以防地温降低过多。

（2）暗水定植法　按株行距开沟（穴），按沟（穴）灌水，水渗下后栽苗封沟覆土。此法用水量小，地温下降幅度小，表土不板结、透气好，利于缓苗，但较费工。

定植深度以达到子叶以下为宜。不同种类有所不同，例如黄瓜根系浅、需氧量高，定植宜浅。茄子根系较深、较耐低氧，定植宜深。番茄可栽至第一片真叶下，对于番茄等的徒长苗还可深栽，以促进茎上不定根的发生。大白菜根系浅、茎短缩，深栽易烂心。北方春季定植不宜过深，潮湿地区定植不宜过深。

3. 定植密度

合理的定植密度是指单位面积上有一个合理的群体结构，使个体发育良好，同时能充分发挥群体的增产作用，以充分利用光能、地力和空间，从而获得高产。定植密度因蔬菜种类和栽培方式而异，例如爬地生长的蔓性蔬菜定植密度宜小，直立生长或支架栽培的蔬菜密度可适当增大；对一次采收肉质根或叶球的蔬菜，为提高个体产量和品质，定植密度宜小，而以幼小植株为产品的绿叶菜类为提高群体产量，定植密度宜大；对于多次采收的茄果类及瓜类，早熟品种或栽培条件不良时密度宜大，晚熟品种或适宜条件下栽培时定植密度宜小。

二、施肥

（一）施肥的方式

1. 基肥（底肥）

基肥是蔬菜播种或定植前结合整地施入的肥料。其特点是施用量大、肥效长，不但能为整个生育时期提供养分，还能为蔬菜创造良好土壤条件。基肥一般以有机肥为主，根据需要配合一定量的化肥，化肥应迟效肥与速效肥兼用。基肥的施用方法主要有：

（1）撒施　将肥料均匀地铺撒在田面，结合整地翻入土中，并使肥料与土壤充分混匀。

（2）沟施　栽培畦（垄）下开沟，将肥料均匀撒入沟内，施肥集中，有利于提高肥效。

（3）穴施　先按株行距开好定植穴，在穴内施入适量的肥料，既能节约肥料，又能提高肥效。

采用沟施和穴施两种方法时，应在肥料上覆一层土，防止种子或幼苗根系与肥料直接接触而烧种或烧根。

2. 追肥

追肥是在蔬菜生长期间施用的肥料。追肥以速效性化肥和充分腐熟的有机肥为主，施用量可根据基肥的多少、蔬菜种类和生长发育时期来确定。追肥的方法主要有：

（1）地下埋施　在蔬菜行间或株间开沟或开穴，将肥料施入后覆土并灌水。

（2）地面撒施　将肥料均匀撒于蔬菜行间并进行灌水。

（3）随水冲施　将肥料先溶解于水中，结合灌水施入蔬菜根际。

3. 叶面喷肥

叶面喷肥是将配制好的肥料溶液直接喷洒在蔬菜茎叶上的一种施肥方法。此法可以迅速提供蔬菜所需养分，避免土壤对养分的固定，提高肥料利用率和施用效果。用于叶面喷肥的肥料主要有磷酸二氢钾、复合肥及可溶性微肥，施用浓度因肥料种类而异，浓度过高易造成叶面伤害。

（二）合理施肥的依据

1. 不同蔬菜种类与施肥

不同蔬菜种类对养分的吸收利用能力有差异。例如，白菜、菠菜等叶菜类蔬菜喜氮肥，但在施用氮肥的同时，还需增施磷、钾肥；瓜类、茄果类和豆类等果菜类蔬菜，一般幼苗需氮较多，进入生殖生长期后，需磷量剧增，因此要增施磷肥，控制氮肥的用量；萝卜、胡萝卜等根菜类蔬菜，其生长前期主要供应氮肥，到肉质根生长期则要多施钾肥，适当控制氮肥用量，以便形成肥大的肉质直根。

2. 不同生育时期与施肥

蔬菜各生育期对土壤营养条件的要求不同。幼苗期根系尚不发达，吸收养分不太多，但要求很高，应适当施一些速效肥料；在营养生长期和结果期，植株需要吸收大量的养分，因此必须供给充足肥料。

3. 不同栽培条件与施肥

砂质土壤保肥性差，故施肥应少量多次；高温多雨季节，植株营养生长迅速，对养分的需求量大，但应控制氮肥的施用量，以免造成营养生长过盛，导致生殖生长延迟；在高寒地区，应增施磷、钾肥，提高植株的抗寒性。

4. 肥料种类与施肥

化肥种类繁多，性质各异，施用方法也不尽相同。铵态氮肥易溶于水，作物能直接吸收利用，肥效快，但其性质不稳定，遇碱遇热易分解挥发出氨气，因而施用时应深施并立即覆土。尿素施入土壤后经微生物转化才能被吸收，所以尿素作追肥要提前施用，采取条施、穴施、沟施，避免撒施。弱酸性磷肥宜施于酸性土壤，在石灰性土壤上施用效果差。硫酸钾、氯化钾、氯化铵、硫酸铵等化学中性、生理酸性肥料，最适合在中性或石灰性土壤上施用。

三、灌溉

（一）灌溉的主要方式

1. 明水灌溉

包括沟灌、畦灌和漫灌等几种形式，适用于水源充足、土地平整的地块。明水灌溉投资小、易实施，适用于露地大面积蔬菜生产，但费工费水、土壤易板结。故灌水后要及时中耕松土。

2. 暗水灌溉

（1）渗灌　利用地下渗水管道系统，将水引入田间，借土壤毛细管作用自下而上湿润土壤。

（2）膜下暗灌　在地膜下开沟或铺设滴灌管进行灌溉。省水省力，使土壤蒸发量降至最低。低温期可减少地温的下降，适用于设施蔬菜栽培。

3. 微灌

（1）滴灌　即通过输水管道和滴灌管上的滴孔（滴头），使灌溉水缓缓滴到蔬菜根际。这种方法不破坏土壤结构，同时能将化肥溶于水中一同滴入，省工省水，能适应复杂地形，尤适用于干旱缺水地区。

（2）喷灌　采用低压管道将水流雾化喷洒到蔬菜或土壤表面。喷灌雾点小、均匀，土表不易板结，高温期间有降温、增湿的作用，适用于育苗或叶菜类生产。但喷灌易使植株产生微伤口，加之高温高湿，易导致真菌病害的发生。

（二）合理灌溉的依据

1. 根据气候变化灌水

低温期尽量不浇水、少浇水，可通过勤中耕来保持土壤水分。必须浇水时，要在冷尾暖头的晴天进行，最好在午前浇完。高温期间可通过增加浇水次数、加大浇水量的方法来满足蔬菜对水分的需求，并降低地温。高温期浇水最好选择在早晨或傍晚。

2. 根据土壤情况灌水

土壤墒情是决定灌水的主要因素，缺水时应及时灌水。对于保水能力差的砂壤土，应多浇水，勤中耕；对于保水能力强的黏壤土，灌水量及灌水次数要少；盐碱地上可明水大灌，防止返盐；低洼地上则应小水勤浇，防止积水。

3. 根据蔬菜的种类、生育时期和生长状况灌水

（1）根据蔬菜种类进行灌水　对白菜、黄瓜等根系浅而叶面积大的种类，要经常灌水；对番茄、茄子、豆类等根系深而且叶面积大的种类，应保持畦面"见干见湿"；对速生性叶菜类，应保持畦面湿润。

（2）根据不同生育期进行灌水　种子发芽期需水多，播种要灌足播种水；根系生长为主时，要求土壤湿度适宜，水分不能过多，以中耕保墒为主，一般少灌或不灌；地上部功能叶及食用器官旺盛生长时需大量灌水。始花期既怕水分过多，又怕过于干旱，所以多采取先灌水后中耕。食用器官接近成熟时期一般不灌水，以免延迟成熟或裂球裂果。

（3）根据植株长势进行灌水　根据叶片的外形变化和色泽深浅、茎节长短、蜡粉厚薄等，确定是否要灌水。如露地黄瓜，如果有早晨叶片下垂、中午叶萎蔫严重、傍晚不易恢复，甘蓝、洋葱叶色灰蓝、表面蜡粉增多、叶片脆硬等状态，说明缺水，要及时灌水。

四、植株调整

植株调整是通过整枝、打杈、摘心、支架、绑蔓、疏花、疏果等措施，人为地调整植株的生长和发育，使营养生长与生殖生长、地上部和地下部生长达到动态平衡，植株达到最佳的生长发育状态，促进其产品器官的形成和发展。同时，还可以改变田间蔬菜群体结构的生态环境，使之通风透光，降低田间湿度，以减少病虫草害的发生。

1. 茎蔓调整

（1）支架和绑蔓　对黄瓜、番茄、菜豆等不能直立生长的蔬菜，用竹竿或木棍支架进行栽培，可增加栽植密度，充分利用空间和土壤。常见架形有人字架、四脚架、篱架、直排架和棚架（图 2-10）。人字架较牢固，承受重量较大，适用于番茄、黄瓜等果实质量较大的蔬菜；四脚架适用于单干整枝的番茄、黄瓜、菜豆、豇豆等蔬菜，但植株上部拥挤，影响通风透光；篱架上下交叉呈篱笆状，支架较费工，适用于分枝性较强的菜豆、豇豆、黄瓜等；直排架适用于设施果菜类蔬菜，上部开展，通风透光好，但支架较费工；棚架适用于生长期长、枝叶繁茂的苦瓜、丝瓜、佛手瓜等蔬菜。

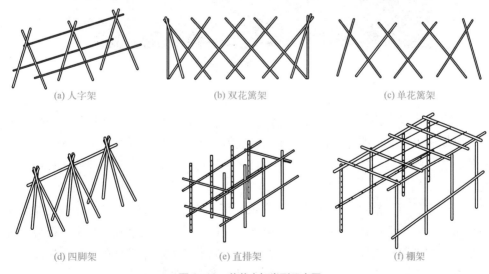

(a) 人字架　　　　　　　(b) 双花篱架　　　　　　　(c) 单花篱架

(d) 四脚架　　　　　　　(e) 直排架　　　　　　　(f) 棚架

图 2-10　蔬菜支架类型示意图

对于攀缘性较差的黄瓜、番茄等蔬菜，利用麻绳、稻草、塑料绳等材料将其茎蔓固定在架竿上称为绑蔓。生产中多采用"8"字形绑缚，可防止茎蔓与架竿发生摩擦。绑蔓时松紧要适度，既要防止茎蔓在架上随风摆动，又不能使茎蔓受伤或出现缢痕。

（2）压蔓　压蔓是将南瓜、西瓜等爬地生长蔬菜的部分茎节部位压入土中。在压蔓部位可以生出不定根，有增加吸收面积和防风作用。同时，可使植株在田间排列整齐，茎叶均匀分布，更多接受光能，促进果实发育，提高产量和品质，且便于管理。

（3）吊蔓、缠蔓和落蔓　设施内为减少架竿遮阴，多采用吊蔓栽培，即将尼龙绳一端固定在种植行上方的棚架或铁丝上，另一端用吊蔓夹固定在植株茎节上（图2-11）。随着植株的生长，随时更换吊蔓夹固定的位置，使植株保持直立生长。对于黄瓜、番茄、菜豆等无限生长型蔬菜，茎蔓长度可达3m以上，为保证茎蔓有充分的空间生长和便于管理，可根据果实采收情况随时将茎蔓下落，盘绕于畦面上，使植株生长点始终保持适当的高度。

蔬菜搭架——
单花篱架

蔬菜搭架——
双花篱架

图2-11　吊蔓夹的使用

2. 整枝

对于茎蔓生长繁茂的果菜类蔬菜，为控制其营养生长，通过一定的措施人为地创造一定的株形，以促进果实发育的方法称为整枝。整枝的具体措施包括打杈、摘心等。

除掉侧枝或腋芽称为打杈，是在植株具有足够的功能叶时，为减少养分消耗，清除多余分枝的措施。

除掉顶端生长点为摘心，又称"打顶"或"闷尖"。对于甜瓜、瓠瓜等以侧蔓结实为主的类型和品种，应在主蔓长出不久即进行摘心，促使其早分枝、早开花结实；在另一种情况下，则是为了控制营养生长，定向促进生殖生长。如早熟番茄一般在第三穗果坐住后，即进行摘心，抑制不必要的营养生长，使养分集中用于果实发育和成熟。

通过打杈、摘心等整枝方法，调整植株外部形态，使株形变得紧凑或者繁茂，矮化或者高化，使功能叶片合理分布，提高光合效率，可有效地调节作物体内营养物质的分配，调整营养生长与生殖生长的合理配比，促进营养物质积累，提高产量。

3. 摘叶、束叶

不同叶龄叶片的光合生产率是不同的。低龄的初生叶片，需借助植株其他部分提供营养物质进行生长；壮龄叶则能进行旺盛的光合作用，大量制造并积累营养物质；生长在植株下部各层的老龄叶，其光合作用微弱，所制造的同化物质量少于其本身呼吸消耗量。因此，在生长期间摘除病叶、老叶、黄叶，有利于植株下部通风透光，减轻病害的发生和蔓延，减少养分消耗，促进植株良好发育。

束叶是对大白菜、花椰菜等蔬菜叶（花）球的一项管理措施。一般在大白菜生长后期，将其外叶束起，促使包心紧实、叶球软化，并能保护心叶免遭冻害，同时能达到增加光照、提高地温、促进根系吸收水肥的作用。在花椰菜的花球成熟之前，将部分叶片捆起来或折弯一部分叶片盖在花球上，使花球洁白柔嫩、品质提高。但束叶不能进行过早，否则会影响光合作用。

4. 花果管理

不同蔬菜种类特性不同以及栽培目的不同，对花器及果实的调整也不同。第一类，对于以营养器官为产品的蔬菜，应及早除去花器，以减少养分消耗，促进产品器官形成，如马铃薯、大蒜等；第二类，对于以较大型果实为产品的蔬菜，应选留少数优质幼果，除去其余花果，靠集中营养、提高单果质量、改善品质来增加效益，如西瓜、冬瓜、番茄等，要注意选留最佳结果部位和发育良好的幼果；第三类，对于设施栽培中易落花落果的蔬菜，如番茄、菜豆等，宜采取保花保果的措施，以提高坐果率。

第四节　蔬菜栽培制度

蔬菜的栽培制度是指在一定时间内，在一定土地面积上，各种蔬菜安排布局的制度。它包括扩大复种面积，采用轮作、间、混、套作等技术来安排蔬菜栽培的次序并配合以合理的施肥、灌溉制度，土壤耕作与休闲制度，即通常所说的"茬口安排"。蔬菜栽培制度充分体现了我国农业精耕细作的优良传统，其优点在于广泛采用间套作，复种次数增加，日光能和土壤肥力利用率提高；重视轮作、倒茬、冻地、晒垡等制度来减轻病虫为害，恢复与提高土壤肥力。

一、连作和轮作

1. 连作

（1）连作的定义　连作又称"重茬"，是指在同一块土地上，不同茬次或者是不同年份连续栽培同一种蔬菜。主茬隔小茬亦为连作。

（2）连作的危害　同类蔬菜连续种植，造成土壤中某一种或某几种养分吸收过多或过少，使土壤中养分不平衡；同类蔬菜根系深浅相同，致使土壤各层次养分利用不合理；同类蔬菜有共同的病虫害，病原菌或虫卵越冬后翌年发病严重；某些蔬菜的根系能分泌出有机酸和某种有毒物质，改变土壤结构和性质，不利于保持土壤肥力，导致土壤酸碱度变化。

2. 轮作

（1）轮作的定义　是指在同一块土地上，按照一定年限轮换种植几种不同性质的蔬菜，通称"换茬"或"倒茬"。轮作可有效地避免连作的危害，是合理利用土壤肥力、减轻病虫害的有效措施。

（2）轮作分区　由于蔬菜的种类很多，可将白菜类、根菜类、葱蒜类、茄果类、瓜类、豆类、薯芋类等各种蔬菜按类分年轮流栽培，称为"四圃制"或"五圃制"。因为同类蔬菜对于营养的要求和病虫害大致相同，在轮作中可作为一种作物处理。但是不同类而同科的蔬菜不宜互相轮作。多数绿叶菜类蔬菜生长期短，应配合在其他作物的轮作区中栽培，不独自占一轮作区。

（3）轮作的原则

① 吸收土壤营养不同，根系深浅不同的互相轮作。例如，叶菜类吸收氮肥相对较多，根茎类吸收钾肥相对较多，果菜类吸收氮磷钾肥均较多，可轮流栽培。再如深根性的根菜类、茄果类应与浅根性的叶菜类、葱蒜类轮作。

② 互不传染病虫害。同科蔬菜常感染相同的病虫害，制订轮作计划时，应避免将同科蔬菜连作。每年调换种植性质不同的蔬菜，可使病虫害失去寄主或改变生活条件，达到减轻或消灭病虫害的目的。粮菜轮作、水旱轮作对于控制土壤传染性病害是行之有效的措施。

③ 有利于改善土壤结构。在轮作制度中适当配合豆科、禾本科蔬菜，可增加有机质，改良土壤团粒结构。

④ 注意不同蔬菜对土壤酸碱度的要求。如种植甘蓝、马铃薯后能增加土壤酸度，而种植玉米、南瓜后，能降低土壤酸度，故对土壤酸度敏感的洋葱等作为玉米、南瓜后作可获较高产量，作为甘蓝的后作则减产。豆类的根瘤菌给土壤遗留较多的有机酸，连作常导致减产。

⑤ 考虑前茬作物对杂草的抑制作用。前后作物配置时，要注意前作对杂草的抑制作用，为后作创造有利的生产条件。一般胡萝卜、芹菜等生长缓慢，抑制杂草的作用较弱，葱蒜类、根菜类也易遭杂草危害，而南瓜、冬瓜、甘蓝、马铃薯等抑制杂草的能力较强。

如此轮作合理吗？

二、间混套作

1. 间混套作的定义

将两种或两种以上蔬菜隔畦（行、株）同时有规律地种植在同一块地上称为间作（图2-12）。将两种或两种以上蔬菜同时不规则地混合种植的方式，称为混作。利用某种蔬菜在田间生长的前期或后期，于畦（行）间种植另一种蔬菜的方式，称为套作。

2. 间混套作的意义

合理的间混套作，就是将两种或两种以上的蔬菜，根据其不同的栽培习性，组成一个复合群体，通过合理的群体结构，使单位面积内植株总数增加，并能有效地利用光能与地力、时间与空间，造成"相互有利"的环境，甚至减轻病虫杂草为害。间混套作是我国蔬菜栽培制度的一个显著特点，它能够增加复种指数，提高蔬菜的单位面积产量和总产量，是实行排开播种、增加花色品种和实现淡季供应的一个重要措施。

图2-12　日光温室黄瓜－白菜间作

3. 间混套作的原则

（1）合理搭配蔬菜种类和品种　在选择蔬菜种类与品种时，应注意高秆作物与矮秆作物结合，叶片直立型与水平型的种类结合，深根性蔬菜与浅根性蔬菜结合，早熟品种与晚熟品种结合，喜强光蔬菜和耐弱光蔬菜搭配种植。保证两种蔬菜生长期间互不抑制，且对养分的吸收要互补。

（2）安排合理的田间群体结构　主副作物的配置比例合理，在保证主作蔬菜密度与产量的条件下，适当提高副作蔬菜的密度与产量。田间种植时加宽行距，缩小株距，在保证主作密度和产量的前提下改善通风透光条件。实行套作时使前茬的后期和后茬的苗期共生，互不影响生长，尽量缩短两者的共生期。

（3）采取相应的技术措施　间混套作要求较高的劳力、土壤肥力和技术条件。同时从种到收，要随时采取相应农业技术措施，防止主副作之间的相互影响。

三、蔬菜栽培季节与茬次安排

1. 栽培季节的确定

蔬菜的栽培季节是指该蔬菜从播种或定植开始，到产品收获完毕为止的全部占地时间。露地蔬菜以优质高产为目的，因此将产品器官形成期安排在温度最适宜的季节里。设施蔬菜又称反季节蔬菜，是以提高效益为主要目的，因此应将产品器官形成期安排在产品供应的淡季里。设施蔬菜栽培季节的确定应以设施类型和市场需求为依据。

（1）设施类型　对于可以越冬生产的高效节能日光温室，主要以秋冬春三季生产为主，盛夏季节可休闲或培肥以保持地力。对于保温性能稍差的普通日光温室、塑料拱棚、阳畦等，栽培喜温蔬菜时，多用于春提前和秋延后栽培，作物生长期一般仅较露地提早和延后15～40天。

（2）市场需求　设施蔬菜栽培为提高经济效益，应尽量把产品上市期安排在露地蔬菜产品上市的淡季，避免与露地蔬菜产品同时上市。通常高效节能日光温室蔬菜应以 1 ～ 3 月为主要上市期，普通日光温室与塑料大拱棚应以 4 ～ 6 月和 9 ～ 11 月为主要上市期。

 知识链接——文化传承

十二月蔬菜歌

正月菠菜才吐绿，二月栽下羊角葱；三月韭菜长得旺，四月竹笋雨后生；

五月黄瓜大街卖，六月葫芦弯似弓；七月茄子头朝下，八月辣椒个个红；

九月柿子红似火，十月萝卜上秤称；冬月白菜家家有，腊月蒜苗正泛青。

2. 茬次安排的原则

（1）考虑生产成本　要以当地的主要栽培茬口为主，充分利用有利的自然环境，实现高产和优质，同时降低生产成本。

（2）考虑产品均衡供应　同一种或同一类蔬菜应通过排开播种，将全年的种植任务分配到不同的栽培季节里进行周年生产，保证蔬菜产品年均衡供应。要避免栽培茬口过于单调，生产和供应过于集中。

（3）考虑提高栽培效益　设施蔬菜生产投资大、成本高，在茬口安排上，应根据当地的蔬菜市场供应情况，适当增加一些高效蔬菜茬口以及淡季供应茬口，提高栽培效益。

（4）考虑提高土地的利用率　设施蔬菜生产成本高，应通过合理的间、套作，以及育苗移栽等措施，尽量充分利用时间和土地资源。

（5）考虑控制蔬菜的病虫草害　设施蔬菜换茬时，要充分考虑前茬作物对后茬作物在病虫草害上造成的影响，应通过合理配置前后茬作物，尽可能控制病虫草害，减少农药的使用。

3. 露地蔬菜茬次安排

（1）早春茬　利用风障等保护设施，在早春播种小白菜、小萝卜、菠菜、茼蒿等耐寒性较强的速生性菜类，供应早春淡季市场。其生长期短，经济效益较好。

（2）春茬　一般于早春播种或育苗，春季定植，春末或夏初收获，是全年露地生产的主要茬口。适合春茬种植的蔬菜种类比较多，耐寒或半耐寒蔬菜一般于早春土壤解冻后露地直播，喜温性果菜类则需在设施内育苗，于终霜后定植于露地。

（3）夏茬　一般于春末至夏初播种或定植，以解决 8 ～ 9 月淡季供应不足的问题为主。主要的种类有黄瓜、豇豆、菜豆、冬瓜、茄子、辣椒等，选用的大多是耐热性较强的种类和品种。

（4）秋茬　一般于夏末初秋播种或定植，中秋后开始收获，秋末冬初收获完毕。栽培面积较大，主要供应秋冬季蔬菜市场。主要种类有大白菜、甘蓝、花椰菜、萝卜、胡萝卜、芥菜、芹菜、菠菜、莴笋等。

（5）越冬茬　在晚秋或上冻前播种，以种子或一定大小幼苗越冬，翌年早春返青，供应市场，主要种类有菠菜、葱、韭菜等。这一茬投入较少，成本较低、经济效益较好、但要根据当地的气候条件等选择适宜的种类和品种，确定适宜的播种期。利用风障畦冬季进行简单保护，翌年春可提早恢复生长并于早春供应市场。

4. 设施蔬菜茬次安排

（1）冬春茬　是日光温室栽培常用茬口。一般于"十一"前后播种或定植，入冬后开始收获，翌年春季结束生产，主要栽培喜温性果菜类。在冬季不甚严寒的地区，也可以利用普通日光温室、塑料拱棚和阳畦，进行韭菜、芹菜等耐寒性较强的蔬菜的冬春茬栽培。冬春茬的主要供应期为 1 ～ 4 月。

（2）春早熟栽培　是日光温室、塑料拱棚和阳畦的主要栽培茬口，以栽培喜温性果菜类为主。前期均利用温室育苗，保温性能较好的日光温室可于 2 ～ 3 月定植，塑料拱棚和阳畦可于 3 ～ 4 月定植，产品始收期可比露地提早 30 ～ 60 天。此茬口的主要供应期为 4 ～ 6 月。

（3）越夏栽培　利用温室大棚骨架覆盖遮阳网或防虫网，栽培一些夏季露地栽培难度较大的果菜类或喜冷凉的叶菜类（如白菜、菠菜等），于春末夏初播种或定植，7 ～ 9 月收获上市。

（4）秋延后栽培　是塑料大棚的主要栽培茬口。一般于 7 ～ 8 月播种或定植，生产番茄、黄瓜、菜豆等喜温性果菜类蔬菜，供应早霜后的市场。也有相当一部分叶菜等延后生产。此茬口的主要供应期为 9 ～ 12 月。

（5）秋冬茬　是日光温室生产的主要茬口之一，一般于 8 月前后播种或育苗，9 月定植，10 月开始收获直到春节前后。以栽培喜温性果菜类为主，前期高温强光，植株易旺长；后期低温寡照，植株易早衰，栽培难度较大。

（6）越冬茬　指日光温室越冬茬栽培，也称一年一大茬栽培，是当前北方设施栽培难度较大、效益较高的茬口。通常夏秋季培育喜温性果菜类幼苗（黄瓜、番茄、茄子、辣椒等），8 ～ 9 月定植于保温性能较好的日光温室，10 月份开始采收，冬季加强管理，生长一直持续到翌年 6 月末，一次定植，采收期可长达 8 个月。

以上是设施蔬菜栽培的季节茬口。各地可根据当地的气候条件安排茬口。在无霜期较短的地区，塑料大棚多采取一年单种单收茬口模式。在无霜期较长的地区，塑料大棚可采用"春早熟＋秋延后"一年两种两收栽培模式。对于冬季保温性能稍差的普通日光温室选用春秋两茬栽培，而对于可越冬生产的高效节能日光温室则可采用一年一大茬的栽培模式。

 知识链接——文化传承

二十四节气歌与农业生产

立春阳气转，雨水沿河边；惊蛰乌鸦叫，春分地皮干；清明忙种麦，谷雨种大田；

立夏鹅毛住，小满鸟来全；芒种开了铲，夏至不拿棉；小暑不算热，大暑三伏天；

立秋忙打靛，处暑动刀镰；白露快割地，秋分无生田；寒露不算冷，霜降变了天；

立冬交十月，小雪地封严；大雪河封上，冬至不行船；小寒近腊月，大寒整一年。

第五节　蔬菜安全生产

一、无公害蔬菜的含义

无公害农产品是指在良性生态环境中，按照一定的技术规程生产出的符合国家食品卫生标准的初级农产品。产品中农药、重金属、硝酸盐、病原微生物等有害有毒物质含量（或残留量）等各项指标均符合我国的食品卫生标准。无公害农产品与绿色食品、中国有机产品和农产品地理标志产品，统称为"三品一标"（图 2-13）。从无公害农产品到绿色食品再到有机产品都属于安全农产品的范畴，生产控制和产品质量要求越来越严格。农产品地理标志是指标示农产品来源于特定地域，产品品质和相关特征主要取决于自然生态环境和历史人文因素，并以地域名称冠名的特有农产品标志。

图 2-13　**无公害农产品、绿色食品、中国有机产品和农产品地理标志的认证 logo**

"三品一标"同常规农产品生产相比，突出特点是生产经营主体明确，规模化和组织化程度高。通过推行标准化生产和全程控制，实施严格的产地认定和产品认证制度，加上取证后的严格监管，实现上市产品"生产有记录、流向可追踪、信息可查询、质量可追溯"，以保证生产的规范化和产品的安全性。

二、发展无公害蔬菜的重要意义

蔬菜是人们生活中不可缺少的副食品，它的安全质量直接关系到人民的生活水平和身体健康。发展无公害蔬菜，首先满足了人民生活需要。其次，我国蔬菜产品出口具有很强的比较优势，但有害物质残留超标是制约蔬菜出口的最主要因素，为扩大出口创汇的效益，必须大力发展优质无公害蔬菜。最后，设施蔬菜种植面积的迅速增加，导致农药化肥的大量使用，超量的农药化肥污染了生态环境，大力发展无公害蔬菜的研究与生产，对于保护生态环境和农业的可持续发展具有重要意义，是我国蔬菜产业发展的方向。

三、无公害蔬菜的产地环境标准

建立无公害蔬菜生产基地，是切断环境中有害物质污染蔬菜的首要措施。无公害蔬菜产地环境条件应符合《无公害农产品 种植业产地环境条件》（NYT 5010－2016）和《土壤环境质量 农用地土壤污染风险管控标准（试行）》（GB 15618－2018）所规定的指标。因此，开辟新基地首先要对其环境条件进行严格的监测，证明它过去基本上没有遭受到污染，同时还要经过调查研究，证明其附近没有较大的污染源，今后也不会产生新的污染。其次要考虑土壤肥沃、地势平坦、排灌良好、适宜蔬菜生长、利于天敌繁衍及便于销售等条件。

四、无公害蔬菜生产的技术措施

（一）科学施肥

1. 提倡有机肥料、生物肥料的施用

有机肥含养分全面，肥效缓和持久，所含的有机质能有效改善土壤物理性状，有利于生态平衡。用有机肥生产的蔬菜，产品品质优良、风味好、菜体内硝酸盐含量低。生产无公害蔬菜的有机肥料无论采用何种原料（包括人畜粪尿、秸秆、杂草、泥炭等）制作堆肥，必须经高温发酵，使之达到无害化卫生标准。腐熟达到无害化要求的沼气肥水及腐熟的人粪尿可用作追肥，严禁在蔬菜上使用未充分腐熟的人粪尿，更禁止将人粪尿直接浇在（或随水灌在）绿叶菜类蔬菜上。饼肥对水果、蔬菜等品质提升有较好的作用，腐熟的饼肥可适当多用。生物肥料是一种含有大量微生物活细胞，对土壤矿物和有机物等物质具有较强的降解和转化能力，并使养分有效性提高的微生物制品。目前应用的生物菌肥主要有固氮、解磷、解钾、发酵分解有机物的作用，无毒无害、不污染环境，用于蔬菜作物上，不仅能大幅度提高产量，改善品质，而且能够逐步消除化肥污染，为无公害蔬菜生产创造了条件。

2. 合理施用化肥

（1）适时施肥 蔬菜体内的硝酸盐含量随土壤中可吸收的硝态氮素的增多而增加。氮肥宜在蔬菜生育的早、中期施用，对生育期较短的叶菜类，采用一次性基施，能够降低蔬菜体内的硝酸盐含量。追肥时间离收获期越近，硝酸盐累积量越高。因此，无公害蔬菜生产中最后一次追施速效氮肥应在收获前 20 天进行。

（2）配方施肥 推广菜田配方施肥技术，科学地计算施肥量，并根据不同的栽培方式（如设施栽培与露地栽培）、不同的栽培季节以及土壤、水分等条件灵活掌握。一般情况下，每亩一次性施入化肥不超过 25kg。严格控制化肥的用量，尤其要减少氮素化肥的用量。

3. 采用科学的施肥方法

（1）基肥与追肥相结合 基肥要以腐熟有机肥为主，配合施用磷、钾肥；追肥要根据蔬菜不同生育阶段及对肥料的需要量大小分次追肥，注重在产品器官形成的盛期如根茎和块茎膨大期、结球期、开花结果期重施追肥。基肥要深施、分层施或沟施，追肥要结合浇水进行。

（2）化肥与有机肥配合施用 有机氮与无机氮比例以 1：1 为宜，即大约 1000kg 厩肥加尿素 20kg（厩肥作基肥，尿素可作基肥和追肥用）。化肥也可与有机肥、微生物肥配合施用。厩肥 1000kg，加尿素 10kg 或磷酸二铵 20kg，微生物肥料 60kg（厩肥作基肥，尿素、磷酸二铵和微生物肥料作基肥和追肥用）。

（3）化肥要深施、早施 深施可以减少氮素挥发，延长供肥时间，提高氮素利用率。早

施则利于植株早发快长，延长肥效，减轻硝酸盐积累。一般铵态氮施于 6cm 以下土层，尿素施于 10cm 以下土层。

（二）病虫害的综合防治

1. 加强植物检疫和病虫害的预测预报

植物检疫是病虫害防治的第一环节。加强对蔬菜种苗的检疫，未发病地区严禁从疫区调种或调入带菌种苗，采种时选无病植株，可有效地防止病害随种苗传播和蔓延。各种蔬菜病虫害的发生，都有其固有的规律和特殊的环境条件。要根据蔬菜病虫害发生的特点和所处环境，结合田间定点调查和天气预报情况，科学分析病虫害发生的趋势，及时做好防治工作。实践证明，加强蔬菜病虫害预测预报工作，是发展无公害蔬菜生产的有效措施。

2. 农业综合防治

（1）选用优良抗病、抗虫品种　针对当地的生态环境特点和病虫害发生情况，选择抗病虫力及抗逆性强、商品性好的丰产品种，以避免某些重大病虫害发生。

（2）轮作倒茬　栽培中实行轮作和间、混套作，使病原菌和虫卵不能大量积累，以起到控制病虫发生的作用。

（3）加强田间管理　对蔬菜种子进行播前消毒处理，减少种子带菌；定植前清除病株杂草，并进行土壤消毒，减少病虫基数；使用嫁接苗防治土传病害；适时播种，合理密植，及时中耕，提高植株的抗病性；茄果类蔬菜及时搭架整枝，以利通风透光，摘除老叶病叶，带出田外集中销毁，减少病源；采用二层幕、小拱棚、遮阳网等设施调节棚内温度，创造适于蔬菜生长的环境条件；采用膜下滴灌降低空气湿度，减少病害的传播；尽量采用昆虫授粉和人工辅助授粉的方法来提高坐果率，减少坐果激素的使用；适当增施磷钾肥，可提高作物抗病性，提高蔬菜品质；及时采收，轻拿轻放，防止由机械损伤造成采后产品污染。

3. 生物防治

生物防治包括以下几方面内容：利用天敌来消灭害虫，如大量繁殖释放草蛉消灭蚜虫，利用姬小蜂的寄生性消灭斑潜蝇等；利用细菌、真菌、病毒消灭害虫，常用的有白僵菌、绿僵菌、苏云金杆菌（Bt）、病毒 A 等；利用抗生素杀虫灭菌，如阿维菌素、韶关霉素、新植霉素等；利用昆虫外激素及内激素来诱杀、迷向、调节蜕皮变态，如氟虫脲、氟啶脲等；利用植物性杀虫剂消灭害虫，如烟碱·苦参碱、印楝素、鱼藤酮等；利用无毒害的天然物质防治病虫害，如草木灰浸泡液可防治蚜虫，米醋兑水可防治茄果类病毒病和大白菜软腐病。

4. 物理防治

通过调节温度、光照等物理措施或利用人工和器械杀灭害虫、去除病原体。例如采用高温闷棚防治黄瓜霜霉病；遮阳网降温预防病毒病；覆盖防虫网阻隔害虫迁飞；用黄板诱杀蚜虫、白粉虱，用蓝板诱杀蓟马；用糖醋液、黑光灯、静电灭虫灯、太阳能杀虫灯（图 2-14）诱杀害虫；用银灰色反光膜驱避蚜虫；人工摘取病叶、病果及害虫卵块，捕捉幼虫集中销毁等。

5. 科学使用化学农药

生产无公害蔬菜使用化学农药，必须遵守以下原则：

（1）严格控制农药品种　严禁使用国家规定的禁用和限用的高毒高残留农药。

（2）严格控制施药次数、浓度、范围和剂量　病虫害能局部处理的绝不普遍用药而扩大用药面积，通常菊酯类杀虫剂使用浓度为 2000～3000 倍，激素类为 3000 倍左右，杀菌剂为

600～800倍。在有效的浓度范围内，每亩喷施药液15～20kg即可。如果杀虫效果85%以上，防病效果70%以上，即称为高效。切不可盲目追求防效而随意增加施药次数、浓度和剂量。

图2-14　太阳能杀虫灯

（3）严格执行农药安全间隔期　蔬菜中农药残留量与蔬菜收获时距离最后一次施药间隔的时间长短关系很大，间隔越短，则残留量越多。每种农药都有各自的安全间隔期，一般允许使用的菊酯类杀虫剂为5～7天，杀菌剂中百菌清、多菌灵、代森锌、代森锰锌要求15天，其余均为7～10天。

（4）选择合理的用药方法　提倡不同类型的农药交替使用，以延缓病虫抗药性的产生。准确选择最佳防治时期及时用药，选用低容量和小径孔（0.1mm）喷雾技术以提高药效，在设施内推广烟雾剂和粉尘剂农药以降低空气湿度等，尽量用最少的农药获得最大的防效。

"无公害"
小白菜

 知识链接——科技创新

什么是物理农业技术？

物理农业是将电、磁、声、光、热、核等物理技术应用于农业生产中。主要包括以下几方面：

（1）声波助长技术　根据植物的声学特性，对植物施加特定频率的声波，从而提高植物活细胞内电子流的运动速度，促进生长发育。

（2）空间电场防病促生技术　通过建立空间电场以及电极线放电产生的高能带电粒子、臭氧、氮氧化物等物理因子，综合防治温室大棚内的植物气传病害。

（3）种子磁化技术 将种子进行磁化处理后，能激发种子酶的活力，提高种子的发芽率和作物的新陈代谢，提高吸收水、肥的能力，使其稳健生长。

（4）电子杀虫技术 利用害虫的趋光性特点，在夜间开启特定光谱的光源，吸引害虫飞向杀虫灯，使之触到设在光源外围的高压电网，利用高压电网瞬间放电将害虫杀死。

（5）土壤电处理技术 利用直流性质的脉冲电流杀死土壤中的病原微生物和害虫，同时引起土壤盐害的金属离子会在金属电极附近发生还原作用而成为原子，而碳酸根、氯离子会发生氧化作用而成为气体从土壤中排出，使土壤盐碱度降低。

 复习思考题

1. 举例说明蔬菜种子包括哪几种类型。
2. 蔬菜种子萌发的基本条件是什么？
3. 蔬菜播种有哪几种方式？
4. 蔬菜种子的播前处理包括哪些内容？
5. 穴盘育苗有哪些优点？需要哪些配套设备？
6. 图示并简述蔬菜穴盘育苗的工作流程。
7. 简述泥炭营养块育苗的技术要点。
8. 嫁接砧木应具备哪些特点？嫁接后应如何管理？
9. 蔬菜合理施肥和合理灌溉的依据是什么？
10. 为什么要进行植株调整？植株调整主要内容有哪些？
11. 什么叫轮作、间作、混作和套种？应掌握哪些原则？
12. 蔬菜茬次安排的基本原则是什么？
13. 什么是无公害蔬菜？简述其重要意义。
14. 无公害蔬菜生产如何进行合理施肥？
15. 简述无公害蔬菜病虫害防治的基本措施。

第三章

露地蔬菜栽培

- 目的要求　了解白菜、萝卜、大葱、洋葱、大蒜、菠菜等蔬菜的生育特点和栽培习性，掌握露地常见蔬菜栽培关键技术。
- 知识要点　秋白菜、秋萝卜栽培关键技术；葱蒜类蔬菜栽培关键技术；越冬菠菜栽培关键技术。
- 技能要点　间苗；大葱、洋葱定植；培土；大蒜播种；蒜薹收获；浇封冻水。
- 职业素养　吃苦耐劳，躬身实践；团结协作，责任担当；安全生产，厉行节约；尊重科学，传承文化。

第一节　露地白菜秋季栽培

大白菜别名结球白菜、黄芽菜，为十字花科芸薹属芸薹种中能形成叶球的亚种，属一、二年生草本植物，原产于我国。大白菜营养丰富，叶球品质柔嫩，易栽培，产量高，耐贮运，符合我国消费习惯，各地普遍栽培。

一、生物学特性

1. 形态特征

（1）根　浅根性，直根系。主根上着生两列侧根，主要根群分布在25cm土层内，侧根数量多。根系横向扩展的直径约60cm。

（2）茎　不同的发育时期形态各不相同。在营养生长时期的茎称为营养茎，或短缩茎。进入生殖生长期抽生花茎，高度60～100cm。可分枝2～4次，表面有蜡粉。

（3）叶　大白菜的叶具有明显的器官异态现象。子叶为肾形，无锯齿，有明显的叶柄。继子叶出土后，出现的第一对叶片称为基生叶，长椭圆形，叶缘有锯齿，叶表面有毛，有明显的叶柄，无托叶。基生叶之后着生中生叶，第一个叶环叶片较小，构成幼苗叶，第二、三个叶环叶片较大，构成莲座叶。莲座叶为板状叶柄，有明显的叶翼，边缘波状，是主要的同化器官。早熟种为 2/5 叶序（5 叶绕茎 2 周成一个叶环），中晚熟种为 3/8 叶序（8 叶绕茎 3 周成一个叶环）。莲座叶之后发生的叶片，向心抱合形成叶球，称为球叶，叶片硕大柔嫩，是大白菜的营养贮藏器官和主要产品器官。外层球叶呈绿色，内层球叶呈白色或淡黄色。生殖生长阶段，花茎上着生的叶片称为茎生叶，叶片较小，呈三角形，抱茎而生，表面光滑、平展，叶缘锯齿少。

（4）花　复总状花序，完全花。花冠 4 枚，黄色，呈"十"字形排列。雄蕊 6 枚，4 强 2 弱，雌蕊 1 枚，子房上位。异花授粉，虫媒花。单株花 1000 ～ 2000 朵。

（5）果实　长角果。细长筒形，长约 3 ～ 6cm，每个角果着生种子 20 粒左右，授粉后 30 天左右种子成熟。成熟后果皮纵裂，种子易脱落。

（6）种子　种子球形稍扁，有纵凹纹，红褐或褐色，少数黄色。无胚乳，千粒重 2 ～ 4g，使用年限 1 ～ 2 年。

2. 生育周期

大白菜从播种到种子成熟，整个生长发育周期因播种期不同而异。秋播大白菜为典型二年生植物，生长发育过程分营养生长和生殖生长两个阶段。春播大白菜当年也可开花结籽，表现为一年生植物。

（1）营养生长阶段　此阶段从播种到形成叶球，需要 50 ～ 110 天，因品种的熟性不同而异。早熟品种多在 65 天以下，有的甚至只需 45 ～ 50 天；中熟品种 70 ～ 85 天；晚熟品种 85 天以上。这一时期虽然以营养生长为主，但北方秋播大白菜在莲座末期至结球初期已进行花芽分化，孕育生殖器官的雏体，只因当时光照时间不断缩短，温度逐渐降低而不能抽薹开花。

① 发芽期。从播种到出苗后第一片真叶显露为止，需 4 ～ 6 天，依温度、水分条件而定。此期根系逐渐发育，发芽期结束时，主根已达 11 ～ 15cm，并有一、二级侧根出现。

② 幼苗期。从第一片真叶出现到"团棵"为止，早熟品种需 14 ～ 16 天，晚熟品种需 18 ～ 22 天。播种后 7 ～ 8 天，基生叶生长到与子叶大小相同时，和子叶互相垂直排列成"十"字形，这一现象称为"拉十字"。接着第一个叶环的叶片按一定的开展角规则地排列成圆盘状，俗称"团棵"或"开小盘"。幼苗期根系发展很快，团棵时主根入土深度达 60cm。

③ 莲座期。从团棵到第三个叶环的叶子（早熟品种 15 ～ 18 片，晚熟品种 23 ～ 26 片）完全长成，植株心叶开始出现包心现象时为止，需 20 ～ 25 天。在莲座后期所有的外叶全部展开，全株光合面积接近最大，形成了一个旺盛、发达的莲座叶丛，为叶球的形成准备充足的同化器官。在莲座叶全部长大时，植株中心幼小的球叶按褶抱、叠抱或拧抱的方式抱合而出现包心现象，这是莲座期结束的临界特征。莲座叶发达与否是能否形成硕大叶球的关键。

④ 结球期。从莲座期结束至叶球充分膨大，直至收获为止，早熟品种需 25 ～ 30 天，晚熟品种需 40 ～ 60 天。该期还可分为结球前期、中期和后期。结球前期是指叶球外层的叶子先迅速生长并向内弯曲，而构成叶球的轮廓，叶球的外貌已经形成，俗称"抽筒"或"长框"；中期叶球内叶迅速生长，称"灌心"；后期体积不再增大，内叶缓慢生长充实，外叶养分向内叶运转，外叶衰老、变黄。整个结球期是大白菜养分累积时期，也是产量形成的关键时期。

⑤ 休眠期。大白菜结球后期遇到低温时，生长发育过程受到抑制，由生长状态被迫进入休眠状态。如条件适宜也可不经过休眠，直接进入生殖生长阶段。在休眠期大白菜生理活动力很弱，不进行光合作用，只有微弱的呼吸作用，外叶的部分养分仍继续向叶球运输，并依靠叶球贮存的养分和水分继续形成花芽和幼小花蕾，为转入生殖生长做准备。

（2）生殖生长阶段

① 返青抽薹期。从返青至抽薹开花，需 20～25 天。经过休眠的种株翌年春开始返青，花薹缓慢伸长并变为绿色。随着温度不断升高，花薹迅速伸长，主花薹上陆续发生茎生叶，茎生叶叶腋间一级侧枝也陆续出现，花茎和花枝顶端的花蕾同时长大。

② 开花期。从始花到基本谢花，需 15～20 天。此期侧枝和花蕾迅速生长，并不断抽生花枝，逐步形成一、二和三级分枝，大量开花。

③ 结荚期。谢花后，果荚生长迅速，种子不断发育、充实，最后达到成熟，需 25～30 天。这一时期果实和种子旺盛生长，种子成熟后果荚枯黄。

3. 对环境条件的要求

（1）温度　喜冷凉气候条件，生长适宜温度 12～22℃，一般高于 25℃ 或低于 10℃ 均生长不良。发芽期适宜温度为 20～25℃，幼苗期适宜温度为 22～25℃，莲座期适宜温度为 17～22℃，结球期适宜温度为 12～22℃，昼夜温差以 8～12℃ 为宜，休眠期以 0～2℃ 为最适。大白菜属于种子春化型蔬菜，一般萌动的种子在 2～5℃ 条件下，15～20 天可以通过春化。

（2）光照　大白菜需要中等强度的光照，光饱和点为 40klx，光补偿点为 1.5～2.0klx。大白菜属于长日照植物，低温通过春化后，需要在长日照条件下通过光照阶段进行生殖生长。

（3）水分　大白菜喜湿，适宜的土壤湿度为田间最大持水量的 80%～90%，适宜空气相对湿度为 65%～80%。

（4）土壤营养　大白菜以土层深厚、疏松肥沃、富含有机质的壤土和轻黏壤土为宜，适于中性偏酸的土壤。每生产 1000kg 鲜菜约吸收氮 1.86kg、磷 0.36kg、钾 2.83kg、钙 1.61kg、镁 0.21kg。缺钙易造成叶球枯黄的"干烧心"现象。

二、品种类型

根据大白菜进化过程，可分为散叶变种、半结球变种、花心变种和结球变种四个变种。其中结球变种是大白菜进化的高级类型，其球叶抱合形成坚实的叶球，球顶尖或钝圆，闭合或近于闭合。结球变种产量高、品质好、耐贮藏、栽培普遍。主要包括三个基本生态型（图 3-1）。

1. 卵圆型

叶球卵圆形，球顶尖或钝圆，近于闭合，球形指数（叶球高度／直径）约 1.5。球叶倒卵圆形，褶抱。该类型属海洋性气候生态型，喜温暖湿润的气候条件。代表品种有山东福山包头、胶县白菜、辽宁旅大小根等。

2. 平头型

叶球上大下小，呈倒圆锥形，球顶平，完全闭合，球形指数近于 1。球叶横倒卵圆形，叠抱。该类型属大陆性气候生态型，喜气候温和、昼夜温差较大、阳光充足的环境。代表品种有河南洛阳包头、山东冠县包头、山西太原包头等。

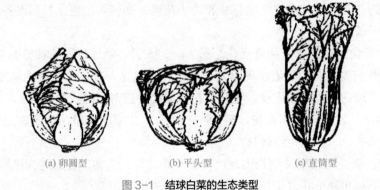

(a) 卵圆型　　　　　(b) 平头型　　　　　(c) 直筒型

图 3-1　结球白菜的生态类型

3. 直筒型

叶球细长圆筒形，球顶尖，近于闭合，球形指数在 3 以上。球叶倒披针形。对气候适应性强，在海洋性及大陆性气候区均能生长良好，因而又称"交叉性气候生态型"。代表品种有天津青麻叶、河北玉田包尖等。

结球白菜变种与其他变种或生态型间相互杂交，产生了一些中间过渡类型，如平头直筒型、平头卵圆型、圆筒型、直筒花心型、花心卵圆型等。

 知识链接——科技创新

白菜家族新成员——"紫橙色"大白菜

大白菜是我国传统蔬菜，其叶球颜色成为品质育种的突破口。2020 年，西北农林科技大学白菜育种专家张鲁刚培育的紫橙色大白菜试种成功，成为白菜育种领域的"新秀"。这种白菜富含花青和胡萝卜素，既好吃又好看，是选取不同类型橙色大白菜与不同类型紫心大白菜杂交，利用现代分子育种技术，经过大量筛选鉴定，最终历时 6 年时间杂交培育出的新品种，是全球第一个创新的紫橙色白菜种质材料。

三、栽培季节和茬次安排

大白菜露地栽培面积较大，栽培季节因地区而异，黄淮河流域分春、夏、秋三茬；东北某些地区分春、秋两茬；青藏高原和大兴安岭北部一年只种一茬；华南可周年栽培。全国各地均以秋季栽培为主。在 −2℃ 以下寒流侵袭之前的大白菜收获期，向前推一个生长季作为适宜播期。生长期月均温 5～22℃。北方地区秋白菜宜在立秋前后 3～5 天播种，如播种过早，大白菜极易发生软腐病。

四、露地白菜秋季栽培技术

1. 整地施肥

前茬作物收获后，每亩施腐熟的有机肥 5000kg、过磷酸钙 50kg、硫酸钾 20kg，深翻地后耙平，做畦或垄。在干旱地区宜用平畦，畦宽 1.2～1.5m；在多雨、地下水位较高、病害严重区宜用高垄或高畦栽培，垄高 20cm，垄距 50～60cm，每垄栽 1 行。高畦高度为 20cm，畦宽 1.2～1.8m，每畦种 2～4 行。

2. 播种育苗

（1）直播　秋茬大白菜多采用露地直播，可条播或穴播，每亩用种量 150～200g。

（2）育苗　在前作未能及时腾地时，采用育苗方式。育苗床做成平畦，每平方米床面撒播种子 2～3g，覆细土 1cm。每亩用种量 100～125g。播种后可覆盖银灰色地膜防雨防蚜，勤浇小水保持土壤湿润。幼苗团棵前分苗，分苗宜在晴天下午或阴天进行。

3. 田间管理

（1）苗期　幼苗期及时浇水，保持地面湿润。雨后及时排涝，中耕松土。至 2～3 片真叶时，对田间生长偏弱的小苗施偏心肥 1～2 次。苗出齐后，可于子叶期和 3～4 片真叶期进行间苗。团棵时定苗，株距依品种而定：大型品种 50～53cm，小型品种 46～50cm。田间缺苗时，及早挪用大苗进行补苗。育苗移栽的，可在幼苗团棵时定植。

（2）莲座期　定苗后追施 1 次"发棵肥"，每亩施粪肥 1000～1500kg，或硫酸铵 10～15kg，草木灰 100kg，随即浇水。以后保持土壤见干见湿。莲座后期应适度控水"蹲苗"。

（3）结球期

① 浇水。"蹲苗"结束后开始浇水，水量不宜过大，以后要保持土面湿润。在收获前 5～8 天停止浇水，提高耐贮性，防止裂球。

② 追肥。包心前 5～6 天追"结球肥"，每亩施用优质农家肥 1000～1500kg，草木灰 100kg。包心后 15～20 天追"灌心肥"，随水冲施腐熟的豆饼水 2～3 次，也可追施复合肥 15kg 或硫酸钾 10kg。

③ 束叶。贮藏用的大白菜在收获前 7～10 天，将莲座叶扶起，用草绳将叶束住，以保护叶球免受冻害，也可减少收获时叶片的损伤。

4. 收获

用于冬贮的晚熟品种，应在低于 −2℃的寒流侵袭之前数天收获。收获时，连根拔出，堆放在田间，球顶朝外，根向里，以防冻害。晾晒数天，待天气转冷再入窖贮藏。

第二节　露地萝卜秋季栽培

萝卜，别名莱菔、芦菔，十字花科萝卜属二年生或一年生草本植物。我国是萝卜的起源中心之一，有着悠久的栽培历史，南北方各地普遍栽培。其产品除含有一般的营养成分外，还含有淀粉酶和芥子油，有帮助消化、增进食欲的功效。

一、生物学特性

1. 形态特征

（1）根　萝卜是直根系深根性作物，其根系分为吸收根和肉质根。吸收根的入土深度可达 60 ~ 150cm，主要根系分布在 20 ~ 40cm 土层中。肉质根的种类很多，形状有圆形、长圆筒形、长圆锥形、扁圆形等。肉质根的外皮颜色有红、绿、紫、白等，肉色有白、紫红、青绿等。肉质根的质量一般为几百克，而大的可达几千克，小的十几克，甚至仅几克。

萝卜肉质根可分为根头、根颈和真根三部分。根头为短缩茎，根颈由幼苗下胚轴发育而成，不着生叶和侧根。真根由幼苗胚根上部发育而成，其上着生侧根（图 3-2）。十字花科和藜科蔬菜肉质根侧根为二列，侧根方向与子叶展开方向一致；伞形科肉质根的侧根为四列。蔬菜肉质根三部分的比例因种类和品种而异，萝卜的根头部分极短缩，而根颈和真根所占比例最大；胡萝卜真根比例大；根用芥菜的根头比例最大。

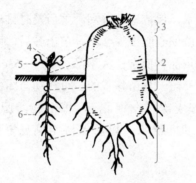

图 3-2　萝卜的肉质根

1—真根部；2—根颈部；3—根头部；4—第一真叶；5—子叶；6—侧根

根菜类肉质根
结构

（2）茎　萝卜的营养茎是短缩茎，进入生殖生长期后抽生花茎，花茎上可产生分枝。

（3）叶　萝卜具有两片子叶，肾形。头两片真叶对生，称为基生叶。随后在营养生长期间丛生在短缩茎上的叶均称为"莲座叶"。莲座叶的形状、大小、颜色等因品种而异，如板叶、花叶等。

（4）花、果实和种子　花为总状花序，异花授粉，虫媒花。花的颜色为白色、粉红色、淡紫色等。果实为长角果，每个角果内有 3 ~ 8 粒种子，果荚成熟时不易开裂。种子为不规则球形，种皮浅黄色至暗褐色。种子千粒重为 7 ~ 15g，发芽年限 5 年，生产上宜选用 1 ~ 2 年的种子。

2. 生长发育周期

（1）营养生长阶段

① 发芽期。从种子萌动到第一片真叶显露，需 4 ~ 6 天。此期要防止高温干旱和暴雨死苗。

② 幼苗期。从真叶显露到根部"破肚"，需 18 ~ 23 天。此期叶片加速分化，叶面积不断扩大，要求较高温度和较强的光照。由于直根不断加粗生长，而外部初生皮层不能相应地生长和膨大，引起初生皮层破裂，称为"破肚"。此后肉质根的生长加快，应及时间苗、定

苗、中耕、培土。

③ 莲座期。从"破肚"到"露肩"，需 20 ～ 25 天。此期肉质根与叶丛同时旺盛生长，幼苗叶及以下叶片开始脱落衰亡，莲座叶旺盛生长，肉质根迅速膨大。初期地上部生长量大于地下部，后期肉质根增长加快，根头膨大，直根稳扎，这种现象称为"露肩"或"定橛"。"露肩"标志着叶片生长盛期的结束。莲座前期以促为主，莲座后期以控为主，促使其生长中心转向肉质根膨大。

④ 肉质根生长盛期。从"露肩"到收获，为肉质根生长盛期，需 40 ～ 60 天。此期肉质根生长迅速，肉质根的生长量占总生长量的 80% 以上，地上部生长趋于缓慢，而同化产物大量贮藏于肉质根内。此期对水肥的要求也最多，如遇干旱易引起空心。

（2）生殖生长阶段　萝卜经冬贮后，第二年春季在长日照条件下抽薹、开花、结实。从现蕾到开花，历时 20 ～ 30 天。开花到种子成熟还需 30 天左右。此期养分主要输送到生殖器官，供开花结实之用。

3. 对环境条件的要求

（1）温度　萝卜属半耐寒性蔬菜，喜冷凉。种子发芽起始温度为 2 ～ 3℃，适温为 20 ～ 25℃；幼苗期可耐 25℃左右较高温度和短时间 −2 ～ −3℃的低温。叶片生长的温度为 5 ～ 25℃，适温为 15 ～ 20℃。肉质根生长的适温为 13 ～ 18℃。高于 25℃，植株长势弱，产品质量差。当温度低于 −1℃时，肉质根易遭冻害。萝卜是种子春化型植物，从种子萌动开始到幼苗生长、肉质根膨大及贮藏等时期，都能感受低温通过春化阶段。大多数品种在 2 ～ 4℃低温下春化期为 10 ～ 20 天。

（2）光照　萝卜要求中等光强。光饱和点为 18 ～ 25klx，光补偿点为 0.6 ～ 0.8klx。光照不足，肉质根膨大速度慢、产量低、品质差。萝卜为长日照植物，通过春化的植株，在 12 ～ 14h 的长日照及高温条件下，迅速抽生花薹。

（3）水分　萝卜喜湿怕涝又不耐干旱。在土壤最大持水量 65% ～ 80%、空气湿度 80% ～ 90% 条件下，易获得高产、优质的产品。土壤忽干忽湿，易导致肉质根开裂。

（4）土壤营养　萝卜在土层深厚、富含有机质、保水和排水良好的砂壤土上生长良好。萝卜吸肥力较强，施肥应以缓效性有机肥为主，并注意氮、磷、钾的配合。特别在肉质根生长盛期，增施钾肥能显著提高品质。每生产 1000kg 产品需吸收氮 2.16kg、磷 0.26kg、钾 2.95kg、钙 2.5kg、镁 0.5kg。

二、品种类型

我国萝卜品种资源丰富，按栽培季节可分为五种类型：

1. 秋冬萝卜

夏末秋初播种，秋末冬初收获，生长期 60 ～ 100 天。秋冬萝卜多为大中型品种，产量高、品质好、耐贮藏、供应期长，是各类萝卜中栽培面积最大的一类。优良品种有浙大长、青圆脆、秦菜一号、心里美、大红袍、沈阳红丰 1 号、吉林通园红 2 号等。

2. 冬春萝卜

南方栽培较多，晚秋播种，露地越冬，翌年 2 ～ 3 月收获，耐寒性强，不易空心，抽薹迟，是解决当地春淡的主要品种。优良品种有武汉春不老、杭州迟花萝卜、昆明三月萝卜、南畔州春萝卜等。

3. 春夏萝卜

3～4月播种，5～6月收获，生育期45～70天，产量低，供应期短，栽培不当易抽薹。优良品种有锥子把、克山红、旅大小五樱、春萝1号、白玉春等。

4. 夏秋萝卜

夏秋萝卜具有耐热、耐旱、抗病虫的特性。北方多夏播秋收，于9月缺菜季节供应。生长期正值高温季节，必须加强管理。优良品种有象牙白、美浓早生、青岛刀把萝卜、泰安伏萝卜、杭州小钩白、南京中秋红萝卜等。

5. 四季萝卜

肉质根小，生长期短（30～40天），较耐寒，适应性强，抽薹迟，四季皆可种植。优良品种有小寒萝卜、烟台红丁、四缨萝卜、扬花萝卜等。

三、栽培季节与茬次安排

萝卜栽培的季节因地区和所用类型品种不同，差别很大。在长江流域以南，几乎四季都可进行生产。在北方大部分地区可行春、夏、秋三季种植。一般以秋萝卜为主要茬次，栽培面积大，产品供应期长，其他季节生产主要用于调节市场供应。我国部分地区萝卜的栽培季节如表3-1所示。

表3-1　我国部分地区萝卜的栽培季节和茬次安排

地区	萝卜类型	播种期	生长时间/d	收获期
南京	春夏萝卜	2月中～4月上	50～60	4月中～6月上
	夏秋萝卜	7月上～7月下	50～70	9月上～10月上
	秋冬萝卜	8月上～8月中	70～110	11月上～11月下
上海	春夏萝卜	2月中～3月下	50～60	4月上～6月上
	夏秋萝卜	7月上～8月上	50～70	8月下～10月中
	秋冬萝卜	8月中～9月中	70～100	10月下～11月下
广州	冬春萝卜	10～12月	90～100	1～3月
	夏秋萝卜	5～7月	50～60	7～9月
	秋冬萝卜	8～10月	60～90	11～12月
东北	秋冬萝卜	7月中下	90～100	10月中下
北京	春夏萝卜	3月中～3月下	50～60	5月中～5月下
	秋冬萝卜	7月下～8月上	90～100	10月中～10月下

四、露地萝卜秋季栽培技术

1. 整地施肥

（1）选地　前茬宜选用非十字花科的作物，土层深厚肥沃、排水良好的砂壤土最适于肉质根的膨大。

（2）施基肥　前茬收获后，每亩需用腐熟有机肥 5000kg，并加入过磷酸钙 25kg、草木灰 50kg，肥料撒施后将土壤深翻，整细、整平。

（3）做畦起垄　栽培中小型品种做成平畦，栽培大型品种做成高垄。

2. 播种

（1）种植密度　大型品种行距 50～60cm，株距 25～40cm；中型品种行距 40～50cm，株距 15～25cm；小型品种行株距均为 10～15cm。

（2）播种量　每亩用种量，大型品种穴播需 0.3～0.5kg，每穴点播 6～7 粒，中型品种条播的需 0.6～1.2kg，小型品种撒播的需用 1.8～2.0kg。

（3）播种方法　选用纯度高、粒大饱满的新种子，播前应做好种子质量检验。如土壤墒情好，可采用干籽直播；土壤墒情不好，播前可先浇底水。播种深度 1.5～2.0cm。播后覆土镇压，使种子与土壤密切接触，以利出苗。大面积种植可将种子按既定株距编入播种绳，再利用机械将播种绳埋入土中，不但能够极大提高工作效率，同时可节约种子 30% 左右，还省去了出苗后间苗的工作量。

3. 田间管理

（1）发芽期　播种后要保持土壤湿润，遇天旱要浇一次小水，以利出苗。幼苗出土时，再浇一水，保持土壤湿润，保证全苗。

（2）幼苗期

① 间苗和定苗。出苗后及时间苗，以防徒长。一般间苗 2～3 次，第一次间苗在子叶展开时进行，去除病弱苗、小苗和子叶畸形苗，保证留下的幼苗子叶向垄两侧方向伸展。可防止幼苗拥挤、遮阴，保证幼苗健壮生长。第二次在 2～3 片真叶时进行，4～5 片真叶时选择具有原品种特征的单株定苗。结合间苗拔除病苗、杂株、劣苗，选留符合品种特征的壮苗。

② 追肥灌水。幼苗期苗小根浅，吸水量少，应小水勤浇，降低地温以防病毒病发生。幼苗 2～3 片真叶时施一次"提苗肥"，结合浇水每亩施尿素 10kg。

③ 中耕、除草和培土。幼苗期气候炎热、雨水多，杂草生长迅速，要勤中耕除草。中耕时要进行培土。长形露身品种的萝卜，因为根颈部细长软弱，常易弯曲、倒伏，生长初期需培土扩根防止倒伏，避免以后形成弯曲萝卜。

（3）莲座期　莲座前期以促为主，浇 2～3 次水，追施 1 次速效氮肥，每亩施尿素 10kg，促进叶片生长，形成一定叶面积；当第二个叶环多数叶片展开时，应控制浇水，进行蹲苗，以调节地上部与地下部生长平衡，促使其生长中心转向肉质根膨大。此期大约 15 天，天旱或前期病毒病发生时，应缩短蹲苗期。

（4）肉质根生长盛期　莲座后期蹲苗结束后，结合浇水每亩施尿素 15kg、硫酸钾 10kg，以后每 6～7 天浇一次水，保持水分均匀供应，避免土壤忽干忽湿，防止裂根。收获前 20 天，每周 1 次，连喷 2 次 0.2% 的磷酸二氢钾进行叶面追肥，对提高产量和肉质根品质有良好效果。肉质根膨大后期，气温开始下降，应减少浇水次数，保持见干见湿。如因下雨导致田间积水需及时排除，以防肉质根腐烂。收获前 7 天停止浇水，这样便于收获，有利于贮藏。

4. 收获

（1）收获期　田间萝卜肉质根充分膨大，叶色转淡渐变黄绿时，为收获适期。秋播的多为中晚熟品种，需要贮藏或延期供应，可稍迟收获。萝卜能耐 -1 ～ 1℃的低温，遇 -3℃以下的低温就会受冻，所以用于贮藏的萝卜适宜的收获期是在 -3℃的寒流到来前 2 ～ 3 天。

（2）收获方法　用作鲜食的，用刀切除叶丛后上市供应。用作贮藏的，在北方一般收后将叶连同顶部切除，以免在贮藏中出芽消耗水分和养分，引起糠心。我国南方气候温暖，萝卜可在露地越冬，随时采收供应市场。

5. 萝卜生理障害及预防措施

（1）先期抽薹　春萝卜栽培中容易出现。主要与种子萌动后遇到低温通过春化有关，轻则造成肉质根糠心，质地坚硬；重则不能形成产量。另外，还与使用陈种子，播种过早，又遇高温干旱，以及品种选用不当、管理粗放等有关。因此，在生产中宜选用冬性强的品种；严格控制从低纬度地区向高纬度地区引种；采用新种子播种；适期播种，加强肥水管理；并注意选种，提高种性，防止品种混杂。如发现有先期抽薹现象，及时摘除花薹，大水大肥，促进肉质根迅速膨大，降低损失，在抽薹前及时上市。

（2）糠心　主要原因是有些品种肉质根过于松软、膨大快。另外，后期水肥管理不当，高温干旱，多氮少钾，播种过早、收获过迟等也易形成糠心。

（3）裂根　主要是肉质根膨大初期供水不均形成。膨大前期由于缺水，肉质根周皮组织硬化，当水分充足时，肉质根再次膨大，产生裂根。为避免裂根的发生，肉质根膨大期要均匀供水。

（4）辣味和苦味　辣味是由于芥子油含量偏高，常与干旱炎热、缺肥、病虫为害、肉质根未充分膨大等有关。苦味是苦瓜素造成的，苦瓜素是一种含氮的碱性化合物，往往是由于氮过多，磷、钾不足所形成，应加强管理，提倡科学配方施肥。

（5）歧根（又称分叉）　是侧根由吸收根转为贮藏根的结果。一般肥料未充分腐熟，土壤耕层浅，整地质量差，以及补栽过程中主根受伤等，影响主根生长导致畸形；使用陈种子也易导致歧根。

第三节　露地大葱春夏季栽培

大葱，百合科葱属二年生草本植物，原产于我国西部及中亚、西亚地区。大葱抗寒耐热，适应性强，栽培普遍，以肥大的假茎（葱白）和嫩叶为产品，营养丰富，具有辛辣芳香气味，生熟食均可，并具有杀菌和医疗价值。

一、生物学特性

（一）形态特征

（1）根　白色弦线状须根，着生在短缩的茎盘上，无根毛，吸收水肥的能力较弱，但新根发生能力强，故较耐移植。根系分布在培土层（地上）和地下 40cm 的土层里，横向伸展半径达 20 ～ 30cm。

（2）茎　营养生长期，大葱的茎为短缩茎，叶片呈同心环状，着生其上。

（3）叶　由叶身和叶鞘组成。叶鞘圆管形，层层包围，环生在茎盘上，组成假茎，即葱白，是大葱贮藏营养的主要器官。每片新叶均在前片叶鞘内伸出，抱合伸长。幼叶刚伸出叶鞘时黄绿色，实心；成龄叶深绿色，管状，中空，表层被有白色蜡状物，具耐旱特征。

（4）花　植株完成阶段发育后，茎盘的顶芽伸长成花薹。花薹圆柱形，中空，顶端着生伞状花序。花序幼时包裹于膜状总苞内，开花时总苞破裂，花序开放。每花序有小花400～500朵，小花为两性花，异花授粉。

（5）果实和种子　大葱果实为蒴果，每果含种子6粒，成熟时种子易脱落。种子盾形，内侧有棱，种皮黑色、坚硬、不易透水，千粒重2.4～3.4g。种子寿命较短，在一般贮藏条件下仅有1～2年。

（二）生育周期

大葱的整个生长期可分为营养生长和生殖生长两个阶段。

1. 营养生长阶段

（1）发芽期　从播种到子叶出土直钩，适温下需14天左右。葱蒜类蔬菜播种后，种子"弓形出土"。单子叶依靠贮藏在胚乳中的养分，出土缓慢，刚出土时单子叶呈钩状，称"顶鼻"；全部出土时子叶伸直称"直钩"（图3-3）。在土壤疏松、水分充足情况下，可顺利完成发芽期。

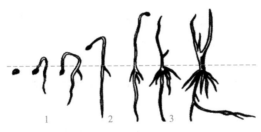

图3-3　葱蒜类蔬菜"弓形出土"
1—顶鼻；2—伸腰；3—真叶出现

（2）幼苗期　从幼芽直钩到定植。秋播葱的幼苗期约250天，需经过冬前苗期、越冬期、返青期，进入旺盛生长期。春播葱的幼苗期80～90天，出土后很快进入旺盛生长期。

（3）假茎（葱白）形成期　从定植到收获，根据其生产特点可分为3个时期：

① 缓苗越夏期。大葱定植后发生新根，恢复生长称缓苗，缓苗期约需10天。进入炎夏高温季节后植株生长缓慢，叶片寿命较短。缓苗越夏期约需60天。

② 假茎（葱白）形成盛期。越夏后气温降低，适合葱株生长，这时叶片寿命长，使假茎迅速伸长和加粗。

③ 假茎（葱白）充实期。大葱遇霜冻后，旺盛生长终止，叶身和外层叶鞘的养分向内层叶鞘转移，充实假茎，使大葱的品质提高。

（4）贮藏　越冬休眠期，北方地区大葱在低温下强迫休眠，并在此期间通过春化阶段。

2. 生殖生长阶段

（1）抽薹开花期　由花薹抽出叶鞘到破苞开花。主要是进行花器官的发育。

（2）种子成熟期　同一花序各小花开放时间有先后，种子成熟时间也不一致，从开花到种子成熟需20～30天。

（三）对环境条件的要求

（1）温度 大葱耐寒力较强，耐热性较差。种子在 2～5℃条件下能发芽，在 7～20℃ 范围内，随温度升高种子萌芽出土所需的时间缩短，但温度超过 20℃时不萌发。在 13～25℃下叶片生长旺盛，10～20℃下葱白生长旺盛，温度超过 25℃则生长迟缓。大葱 为绿体春化型植物，3 叶以上的植株于 2～5℃条件下经 60～70 天可通过春化阶段。

（2）光照 大葱为中光性植物，只要在低温下通过春化，不论在长日照或短日照下都能 正常抽薹开花。大葱对光照度要求不高，光饱和点为 25klx，光补偿点为 1.2klx。

（3）水分 根系耐旱不耐涝，叶片生长也要求较低的空气湿度。

（4）土壤营养 大葱对土壤适应性广，土层深厚、排水良好、富含有机质的疏松壤土便 于大葱培土、软化。大葱对土壤酸碱度要求以 pH 7.0～7.4 为好。每生产 1000kg 鲜葱，需 要从土壤中吸收氮 2.7kg、磷 0.5kg、钾 3.3kg。

二、品种类型

大葱主要包括普通大葱、分葱、胡葱和楼葱。在植物分类学中，分葱和楼葱是普通大葱 的变种。栽培较多的是普通大葱，按其假茎高度可分为以下三种类型。

1. 长葱白类型

植株高大，假茎较长，长与粗之比大于 10，直立性强，质嫩味甜，生熟食均优，产量 高。代表品种有章丘大梧桐、气煞风等。

2. 短葱白类型

植株稍矮，假茎粗短，长与粗之比小于 10，较易栽培。代表品种有寿光八叶齐等。

3. 鸡腿葱类型

假茎短且基部膨大，叶略弯曲，叶尖较细，香气浓厚，辣味较强，较耐贮存，最适熟食 或作调味品，对栽培技术要求不严格。代表品种有山东章丘的鸡腿葱等。

三、栽培季节与茬次安排

大葱对温度的适应性较广，可分期播种，周年供应。南方地区一般秋播，亦可春播，春 播后当年冬季即可收获葱白，但产量较低。北方地区冬贮大葱多采用露地秋播育苗，翌年春 夏季定植，秋末冬初收获葱白。为防止抽薹也可在早春设施内育苗。

四、露地大葱春夏季栽培技术

（一）播种育苗

1. 品种选择

露地大葱栽培宜选择葱白长、产量高、抗倒伏的品种，如家禄三号、铁杆大梧桐、吉杂 大葱、中华巨葱、辽葱 8 号等优良品种。

2. 播种时间

各地播期虽有一定差异，但均以幼苗越冬前有 40～50 天的生长期、能长成 2～3 片真 叶、株高 10cm 左右、茎粗 0.4cm 以下为宜，这样既能保证翌年春葱苗的返青率，又能降低葱苗的抽薹率。北方地区多在"白露"前后播种，称"白露葱"。

3. 播种

大葱种子寿命较短，生产中注意选用新种子。播种前每亩苗床均匀撒施腐熟农家肥5000kg、过磷酸钙25kg。做成1.0m宽、8～10m长的畦。可撒播或条播，播种时如墒情不足可先灌足底水，均匀撒种后，覆1cm厚的细土。播种后畦面可覆盖稻草或无纺布保湿，防止土壤板结。

4. 幼苗期管理

（1）冬前管理　一般冬前生长期间浇水1～2次即可，同时要中耕除草。冬前一般不追肥，但要在土壤结冻前灌足封冻水。

（2）春苗管理　翌年日平均气温达到13℃时浇返青水，返青水不宜浇得过早，以免降低地温。如遇干旱也可于晴天中午灌1次小水，灌水同时进行追肥，以促进幼苗生长。也可于畦内施腐熟农家肥提高地温，数日后再浇返青水，然后中耕、间苗、除草，间苗的株距2～3cm。苗高20cm时，再间苗1次，株距6～7cm，再蹲苗10～15天。蹲苗后应顺水追肥，每亩每次施入硫酸铵10kg，以满足幼苗旺盛生长的需要。幼苗8～9片叶时，应停止浇水，锻炼幼苗，准备移栽。

（二）葱苗定植

1. 整地施肥

大葱忌连作，前茬应为非葱蒜类作物。每亩施腐熟农家肥5000～10000kg，浅耕灭茬，使土肥混合，耙平后开沟栽植。栽植沟宜南北向，使受光均匀，并可减轻秋冬季节的北向强风造成的大葱倒伏。

2. 起苗

（1）起苗时间　大葱定植后应保证130天的生长期，一般在芒种（6月上旬）到小暑（7月上旬）期间定植。当植株长到30～40cm高、茎粗1.0～1.5cm时，适于定植。

（2）起苗和选苗分级　起苗前1～2天，苗畦要浇1次水，保持土壤干湿适度，以便于起苗。起苗时抖净泥土，选苗分级，剔除病、弱、伤残苗和抽薹苗，将葱苗分为大、中、小三级，分别栽植。为促进大葱新根发育，栽植前剪去部分须根，保留3～5cm长的须根即可。当天栽不完的，应放在阴凉处，根朝下放，以防葱苗发热、捂黄或腐烂。

3. 定植

（1）定植密度　大葱定植行距因品种、产品标准不同而异。短葱白的品种宜用窄行浅沟，行距50～55cm，沟深8～10cm，株距5～6cm，每亩栽苗2万～3万株；长葱白的品种对葱白质量要求高时宜采用宽行深沟，行距70～80cm，沟深40～50cm，株距6～7cm，每亩栽苗1.2万～1.5万株。

（2）定植方法

① 插葱法。栽植长葱白类型的大葱时多用插葱法。即用小木棍抵住葱苗须根，将葱苗垂直插入沟底松土内。先插葱后灌水称"干插葱"，先灌水后插葱称"水插葱"。这种方法较费工，但葱白生长笔直，质量高。

② 排葱法。在定植沟内，按株距摆苗，然后覆土、灌水。也可先顺沟灌水，水下渗后摆葱苗盖土。这种方法的优点是栽植快、用工少，但葱白易弯曲。

（三）田间管理

1. 缓苗越夏期

定植后一般不浇水施肥，以促进根系发育，还要注意雨后排涝。8月上中旬开始，浇2～3次水，追施1次"攻叶肥"。每亩施优质腐熟厩肥1000～1500kg、尿素15kg、过磷酸钙25kg于沟脊上，中耕混匀，锄于沟内，而后浇1次水。

2. 假茎（葱白）形成盛期

（1）水肥管理　此期大葱需水量增加，每4～5天浇1次水，而且水量要大，并结合浇水追施2次"攻棵肥"。一次是在8月底，按亩施腐熟的农家肥5000kg，加硫酸钾15kg，可施于葱行两侧，中耕以后培土成垄，浇水。第二次于9月中旬，在行间撒施尿素15kg、硫酸钾25kg，浅中耕后浇水。

（2）培土　大葱在加强肥水供应的同时进行培土，可以软化假茎，增加葱白长度，提高大葱的品质。当大葱进入旺盛生长期后，及时通过行间中耕，分次培土，使原来的垄台成垄沟，垄沟变垄台。将土培到叶鞘和叶身的分界处，勿埋叶身，以免引起叶片腐烂。从立秋（8月上旬）到收获，一般培土3～4次。大葱培土过程见图3-4。

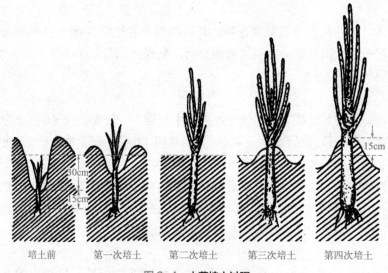

培土前　　第一次培土　　第二次培土　　第三次培土　　第四次培土

图3-4　大葱培土过程

3. 假茎（葱白）充实期

霜降以后气温下降，大葱基本长成，进入假茎（葱白）充实期。大葱遇霜冻后，旺盛生长终止，叶身和外层叶鞘的养分向内层叶鞘转移，充实假茎，使大葱的品质提高。此期植株生长缓慢，需水量减少，保持土壤湿润即可使葱白鲜嫩肥实。收获前5～7天停水，便于收获贮运。

（四）收获贮藏

1. 适期收获

生产中可以根据市场需要，随时收获上市。

（1）鲜葱收获　鲜葱可于 9 ～ 10 月上市。鲜葱叶绿质嫩，含水量大，即购即食，不能久贮。

（2）干贮大葱收获　一般在晚霜以后，气温下降至 8 ～ 12℃，植株地上部生长明显停滞，产品已长足，管状叶内水分减少，叶肉变薄下垂时，及时收获。如果收获过早，新叶还在生长，葱白未充分长成，干葱的产量低，同时由于呼吸作用还比较旺盛，消耗养分较多，葱白易松软、空心，不耐贮存；收获过晚，假茎易失水而松软，影响葱白的产量和品质，且特别要防止大葱在田间受冻而引起腐烂。

2. 收获

（1）收获方法　收获大葱时可用长条镐，在大葱的一侧深刨至须根处，把土劈向外侧，露出大葱基部，然后拔出大葱，使产品不受损伤。收获时，切忌猛拉硬拔，损伤假茎，拉断茎盘或断根会降低商品葱的质量和耐贮藏性。

（2）晾晒　收获后的大葱应抖净泥土，摊放在地里，每 2 沟葱并成 1 排，原地晾晒 2 ～ 3 天。

（3）打捆　待叶片柔软，须根和葱白表面半干时，除去枯叶，分级打捆，每捆 10kg 左右，根端取齐，在大葱中部捆 2 ～ 3 道，捆好后不可随便堆放，以防发热腐烂。

3. 贮藏

大葱贮存要掌握宁冷勿热的原则。在自然条件下，露天贮存最好在 1 ～ 3℃，可随时出售。

大面积种植大葱，可采用播种机、剪叶机、开沟机、定植机、培土机、收获机，实现从育苗到收获的全程机械化管理。

第四节　露地洋葱春夏季栽培

洋葱又称圆葱、葱头，属于百合科葱属中以肉质鳞片和鳞芽构成鳞茎的二年生草本植物。原产于地中海沿岸及中亚。以肥大的肉质鳞茎为产品，鳞茎中除含碳水化合物、蛋白质、维生素、矿质元素，还含有挥发性的硫化物，具有特殊的香味，可炒食、煮食或调味，小型品种可用于腌渍。洋葱耐贮藏运输，可在伏缺期间上市，能堵缺补淡，也可加工成脱水菜，远销国外。

一、生物学特性

（一）形态特征

（1）根　为弦线状须根，无根毛，吸收能力和耐旱力较弱，分布在 20cm 左右的表土层中。

（2）茎　营养生长时期，茎短缩成扁圆锥形的茎盘。生殖生长时期，生长锥分化，抽出花薹。花薹呈筒状、中空、中部膨大，顶端形成花球。

（3）叶　分叶身和叶鞘两部分。叶身暗绿色，筒状，中空，腹部凹陷，表面有蜡粉。叶鞘基部生长后期膨大，形成开放性肉质鳞片。每个鳞片中含有 2 ～ 5 个鳞芽，这些鳞芽分化成无叶身的幼叶，幼叶积累营养物质后变肥厚，直接形成闭合性肉质鳞片；鳞茎成熟时，外层叶鞘基部干缩成膜质鳞片。如图3-5所示。

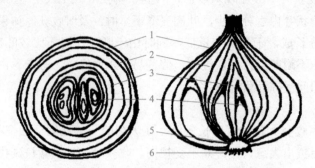

图3-5　洋葱鳞茎的剖面图（左：横剖面，右：纵剖面）
1—膜质鳞片；2—开放性肉质鳞片；3—闭合性肉质鳞片；
4—鳞芽；5—茎盘；6—不定根

（4）花、果实、种子　洋葱定植后当年形成商品鳞茎，翌年抽薹开花。每个花薹顶端有一伞状花序，内着生小花200～300朵。果实为2裂蒴果。种子呈盾形，断面三角形，外皮坚硬多皱纹，黑色，千粒重3～4g，使用年限1年。

（二）生育周期

洋葱为2～3年生蔬菜，生育周期长短因播种期不同而异。整个生长期分营养生长期、鳞茎休眠期和生殖生长期三个时期。

1. 营养生长期

（1）发芽期　从种子萌动到第一片真叶出现为止，约需15天。

（2）幼苗期　从第一片真叶出现到定植为止。秋播秋栽或春播春栽需40～60天；秋播春栽需180～230天。

（3）叶片生长期　春栽的幼苗随着外界气温的上升，根先于地上部生长。以后叶片迅速生长，至长出功能叶8～9片为止，需要40～60天；秋栽越冬的幼苗需120～150天。

（4）鳞茎膨大期　鳞茎开始膨大到收获为止，需30～40天。随气温的升高，日照加长，地上部停止生长，鳞茎迅速膨大。鳞茎膨大末期，外叶枯萎，假茎松软倒伏。

2. 鳞茎休眠期

洋葱的自然休眠是对高温、长日照、干旱等不良条件的适应，这个时期即使给予良好的发芽条件，洋葱也不会萌发。休眠期长短随品种、休眠程度和外界条件而异，一般需60～90天。

3. 生殖生长期

（1）抽薹开花期　采种的母鳞茎在贮藏期间或定植后满足了对低温的要求，在田间又获得了适宜的长日照，就能形成花芽，抽薹开花。洋葱是多胚性植物，每个鳞茎可以长出2～5个花薹。洋葱花两性，异花授粉。

（2）种子形成期　从开花到种子成熟为止。

（三）对环境条件的要求

（1）温度　洋葱对温度的适应性强。种子和母鳞茎在3～5℃下可缓慢发芽，12℃

以上发芽加速。生长适温幼苗期为 12～20℃，叶片生长期为 18～20℃，鳞茎膨大期为 20～26℃。温度过高，生长衰退，进入休眠。健壮的幼苗可耐 −6～−7℃的低温。洋葱是绿体春化型植物，当植株长到 3～4 片真叶、茎粗大于 0.5cm，即积累了一定的营养时，才能感受低温通过春化。多数品种需要的条件是在 2～5℃下 60～70 天。

（2）光照　鳞茎形成需要长日照，延长日照长度可以加速鳞茎的形成和成熟。其中长日型品种需 13.5～15h，短日型品种需 11.5～13h。我国北方多长日型晚熟品种，南方多短日型早熟品种。故引种时应予以注意。

（3）水分　洋葱幼苗出土前后，需要保持土壤湿润，尤其是生长旺盛期和鳞茎膨大期，需要有充足的水分。

（4）土壤营养　洋葱要求土质肥沃、疏松、保水力强的壤土。洋葱能忍耐轻度盐碱，要求土壤 pH6.0～8.0，但幼苗期对盐碱反应比较敏感，容易黄叶死苗。洋葱为喜肥作物，每亩标准施肥量为氮 12.5～14.3kg、磷 10～11.3kg、钾 12.5～15kg。幼苗期以氮肥为主，鳞茎膨大期以钾肥为主，磷肥在苗期就应使用，以促进氮肥的吸收和提高产品品质。

二、品种类型

按洋葱鳞茎形成特性，可分为普通洋葱、分蘖洋葱和顶球洋葱三个类型。普通洋葱栽培广泛，按鳞茎皮色可分为红皮洋葱、黄皮洋葱和白皮洋葱。

1. 红皮洋葱

鳞茎圆球形或扁圆形，外皮紫红至粉红，肉质微红。含水量稍高，辛辣味较强，丰产，耐贮性稍差，多为中晚熟品种。优良品种有北京紫皮洋葱等。

2. 黄皮洋葱

鳞茎扁圆、圆球或椭圆形，外皮铜黄或淡黄色，味甜而辛辣，品质佳，耐贮藏，产量稍低，多为中晚熟品种。优良品种有天津莛荠扁等。

3. 白皮洋葱

鳞茎较小，多为扁圆形，外皮白绿至微绿，肉质柔嫩，品质佳，宜作脱水菜，产量低，抗病力弱，多为早熟品种。优良品种有哈密白皮等。

三、栽培季节与茬次安排

洋葱在黄河流域以南多秋播秋栽，翌年夏收。华北多秋播，幼苗冬前定植，露地越冬，夏收；或幼苗囤苗越冬，早春定植，夏收。东北多秋播，幼苗囤苗越冬，春栽夏收；或早春设施播种育苗，春栽夏秋收获。

四、露地洋葱春夏季栽培技术

1. 播种育苗

（1）播期确定　洋葱是绿体春化型植物，根据品种特性和气候特点，确定适宜的播期是防止洋葱先期抽薹的关键。秋播过早，幼苗生长期长，越冬时幼苗太大，易通过春化而先期抽薹；播种过晚，冬前幼苗过小，越冬期间易冻死苗。健壮的幼苗可耐 −6～−7℃的低温。

一般越冬前幼苗高约 18～24cm，假茎粗 0.6～0.7cm，具 3～4 片真叶，抽薹率可控制在 10% 以下，易获高产。

（2）播种方法 洋葱种子寿命短，应选用当年新种子，每亩苗床用种量 4～5kg。选择 2～3 年未种过葱蒜类蔬菜的地块作育苗床。前茬收获后浅耕细耙，施足基肥，做成平畦。苗床与生产田的比例为 1:(8～10)。秋季育苗多采用干籽撒播，春播一般采用设施育苗，种子催芽后播种。播种后最好用芦苇或秫秸等搭成荫棚或盖地膜保墒以利幼苗出土。当幼苗拱土时便应分次撤去荫棚或地膜。

（3）发芽期管理 由于种子"弓形出土"，故发芽期需要保持土壤湿润。播种后 2～3 天补水 1 次，使种子顺利发芽出土。

2. 幼苗期及越冬管理

（1）幼苗期 每隔 10 天左右浇 1 次水，整个育苗期浇水 4 次左右。苗期中耕拔草 2～3 次，幼苗期以氮肥为主，磷肥也应适量使用，以促进氮肥的吸收和提高产品品质。当苗高 10～15cm 时，结合浇水追施氮素化肥和适量硫酸钾。春播育苗定植前控水锻炼。秋播育苗应在土壤封冻前浇好防冻水，以全部水渗入土中、地面无积水结冰为准，而后用稻草或地膜等覆盖地面。

（2）越冬前准备 冬前定植的幼苗应在寒冬来临以前定植，让幼苗充分缓苗，根系恢复生长后进入越冬期，以防冻死幼苗。同时也应浇好防冻水。如进行囤苗越冬的，在封冻前起苗，假植越冬，温度保持在 −7～−1℃为宜。

3. 定植

（1）土地准备 前茬收获后即可施肥、冬耕、晒垡，或春施腐熟基肥 5000kg、过磷酸钙 50kg、复合肥 25kg，适当深耕，使肥土掺匀，耙平做畦。北方可做成宽 1.6～1.7m 的平畦，南方做成高畦，以利排水。

（2）定植时期 洋葱定植时期随各地气候而异。华北平原以南大部分地区冬前定植，缓苗后入冬；北方地区则采用苗床覆盖或囤苗越冬，春季在 10cm 土温稳定在 5℃时即可定植。

（3）定植方法 洋葱定植时要先选苗，剔去病、弱苗。对幼苗进行分级，按茎粗分 0.5～0.8cm 和 0.8～1.0cm 两级，分别定植。将茎粗 0.4cm 以下和茎粗 1.0cm 以上的苗子除去，确保整体发育整齐均匀。定植的密度以行距 15～17cm、株距 13～15cm、亩栽 3 万株左右为宜。大苗可以适当稀栽。采用地膜覆盖，对高产有利，可打孔栽植。秋育苗定植深度以能埋住小鳞茎即可，春育苗定植深度以浇水不倒秧为宜，均尽量浅栽，利于日后鳞茎膨大。

4. 田间管理

（1）缓苗期管理 冬前定植者，缓苗后应控水蹲苗，促根壮秧，防止徒长，利于越冬；早春返青后，及时浇返青水，施返青肥，促进植株生长。早春定植者，轻浇水、勤中耕促进缓苗，防止幼苗徒长，一般是定植时轻浇定植水，5～6 天后浇 1 次缓苗水，并及时中耕除草，增温保墒。

（2）叶片生长期管理 缓苗后，植株进入叶片旺盛生长期。叶片生长期需要有充足的水分。管理上要加大浇水量，并顺水追施氮肥 1～2 次，以促进地上部旺盛生长。如发现抽薹的植株要及时拔掉。

（3）鳞茎膨大期管理　此期以施钾肥为主，当小鳞茎直径达 3cm 时，每亩顺水追施复合肥 15 ～ 20kg，或施用充分腐熟的有机肥 1000kg，2 ～ 3 天后灌 1 次清水。当葱头直径达 4 ～ 5cm 时，每亩再顺水冲施硫酸钾 15 ～ 25kg，两次施肥间隔 10 ～ 15 天。以后每 3 ～ 4 天灌 1 次水，以保持土壤湿润。在葱头收获前 5 ～ 7 天停水，使洋葱组织充实，充分成熟，利于贮藏。鳞茎膨大后期不能追施氮肥，以免鳞茎开裂及延迟成熟。收获前 6 ～ 7 天揭去地膜。鳞茎膨大末期，外叶枯萎，假茎松软倒伏。

5. 收获

（1）收获适期　当植株基部第 1 ～ 2 片叶枯黄、第 3 ～ 4 片叶尚带绿色、假茎失水松软、地上部倒伏、鳞茎停止膨大、外层鳞片呈革质时，是洋葱的收获适期。

（2）收获方法　收获时要选择晴天，将植株连根拔起，在田间晾晒 3 ～ 4 天。当叶片已经变软，将叶片编成辫子或扎成小捆，每辫 25 ～ 30 头。编辫或扎捆后使鳞茎朝下，叶朝上单独摆平继续晾晒。当辫子由绿变黄，鳞茎外皮已干，鳞茎进入休眠期后，即可贮藏。

 知识链接——科技创新

洋葱全程机械化栽培

　　洋葱全程机械化栽培，包括种子丸粒化、全自动机械播种、苗床机械剪叶、机械化整地、覆膜和移栽、机械化收获和捡拾等。全程农机与农艺结合的洋葱生产，不仅减少了洋葱种植人工成本，同时降低了劳动强度，提高了劳动效率，是洋葱大面积生产的首选栽培模式。

第五节　露地大蒜春夏季栽培

　　大蒜又称蒜、胡蒜，百合科葱属一、二年生草本植物，原产于亚洲西部的高原地区，在我国已有 2000 多年的栽培历史，是重要的香辛类蔬菜，在我国南北方均普遍栽培。大蒜以蒜头、蒜薹和幼株供食用，产品器官中含有蒜素和大蒜辣素等物质，具有辛辣味，除鲜食外，还可腌制，加工成酱、汁、油、粉、饮料、脱水蒜等制品，蒜薹可冷藏。

一、生物学特性

1. 形态特征

（1）根　为弦线状须根系，着生于短缩茎基部，以蒜瓣背面基部为多，腹面根系较少。根群主要分布在 30cm 土层内。

（2）茎　蒜的茎退化为扁平的短缩茎，称为茎盘；节间极短，其上着生叶片，由叶鞘包被形成地上假茎。在生长后期，蒜瓣（鳞芽）长成后，由茎盘、叶鞘及蒜瓣（蒜皮）共同形成鳞茎（蒜头）。鳞芽实质上是短缩茎上的侧芽。蒜瓣本身是一个肥大的鳞芽，它的外面被2～3层鳞片覆盖。覆盖鳞片最初较厚，以后逐渐变薄，到收获时已经和最外面几层叶的叶鞘一起干缩成蒜皮。如图3-6所示。

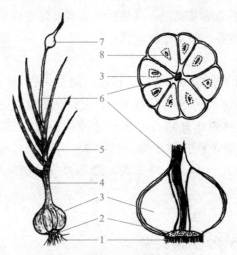

图3-6　大蒜植株及产品器官形态图
1—须根；2—茎盘；3—鳞茎；4—假茎；5—叶片；6—花茎；7—总苞；8—芽孔

（3）叶　大蒜的叶由叶片、叶鞘组成。叶片扁平而狭长，带状，肉质，暗绿色，表面有少量蜡粉。互生，对称排列，其着生的方向恰与种蒜的蒜瓣腹背面连线相垂直。叶鞘圆筒形，淡绿色至白色，着生于短缩茎上。

（4）花薹、花、气生鳞茎和种子　生殖生长期，着生于茎盘上端中部的顶芽分化为花芽，以后抽生成花薹（蒜薹）。花薹顶端着生总苞，在总苞内有花和气生鳞茎。总苞内的花常因营养不足而多败育或退化，也就不能结种子。但部分植株能在总苞内形成气生鳞茎，质量超过0.1g的可留作种用，当年可形成较小的独头蒜，第二年播种独头蒜可形成正常分瓣的蒜头。

2. 生长发育周期

大蒜生育周期的长短，因播种期不同而有很大差异。春播大蒜的生育期短，只有90～100天，而秋播大蒜生育期长达220～240天。生产上一般可将大蒜的生长过程划分为以下6个时期：

（1）萌芽期　从大蒜解除休眠后播种至初生叶展开为萌芽期，秋播大蒜需7～10天。春播蒜需15～20天。此期根、叶的生长依靠种瓣供给营养，种瓣约1/2干物质用于生长。

大蒜生长动态

（2）幼苗期　由初生叶展开到生长点不再分化叶片为止为幼苗期。秋播大蒜需5～6个月，春播蒜仅为25天左右。此期大蒜种瓣内的营养逐渐消耗殆尽，蒜母开始干瘪成膜状物，称之为"退母"。此期出现短期的养分供需不平衡，较老叶片先端发生"黄尖"现象。

（3）花芽及鳞芽分化期　由花芽和鳞芽分化开始到分化结束为止，生产上称"分瓣期"，一般需10～15天。大蒜鳞芽的分化（分瓣）与花芽分化（抽薹）都需要经历一定时间的低温，并在较高温度（15～20℃）和较长日照（日照时间 13h 以上）条件下，进行分瓣和抽薹。但二者是两种不同性质的生理现象：抽薹属于生殖生长的范畴，植株必须经低温春化后才能抽薹开花。而分瓣则属营养生长范畴，如植株经受低温不足，或营养体过小，仅顶芽分化为鳞芽，遇高温长日照则形成无薹独头蒜；如植株的营养条件不能满足花芽分化而只能满足鳞芽分化的要求，则形成无薹多瓣蒜。

（4）蒜薹伸长期　指蒜薹开始伸长至采收的一段时间，约 30 天。此期营养生长与生殖生长同时进行，同时鳞芽缓慢生长，是大蒜植株旺盛生长期，也是水肥供应的关键时期。

（5）鳞芽膨大期　从鳞芽分化结束至鳞茎（蒜头）收获为止为鳞芽膨大期，此期持续50～60 天，其中前 30 天与蒜薹伸长期相重叠。前期鳞芽膨大缓慢，蒜薹采收前 1 周，鳞芽膨大才开始加快。蒜薹采收后，鳞芽迅速膨大。此期应保持土壤湿润，尽量延长叶片寿命，促进养分向鳞芽转移贮藏。

（6）休眠期　蒜头收获后即进入生理休眠期。一般早熟品种的休眠期约 65～75 天，而晚熟品种的休眠期仅 35～45 天。

3. 对环境条件的要求

（1）温度　大蒜的生长适宜温度为 12～25℃。3～5℃即可发芽，但极为缓慢，20℃左右为最适温度。幼苗期的适宜温度为 14～20℃，0～3℃基本停止生长。大蒜幼苗越冬期间可顺利通过 -2～0℃的低温，可耐短期 -10℃的低温。贮藏的鳞茎或幼苗一般在 0～4℃低温下 30～40 天可通过春化。蒜薹伸长期地上部生长的适宜温度为 12～18℃。进入鳞芽膨大盛期，要求适温为 15～20℃，如气温达 26℃以上，鳞芽进入休眠状态。

（2）光照　大蒜为喜光性蔬菜。即使通过低温春化阶段后，还需 15～20℃的温度及13h 以上的较长日照，才能使其通过光照阶段，抽薹开花，形成鳞茎。

（3）水分　对土壤水分要求较高，具有喜湿润、怕干旱的特性。

（4）土壤营养　大蒜对土壤质地要求不严格，以选择疏松透气、保水保肥、有机质丰富的肥沃壤土为好。适于微酸性土壤，适宜 pH 为 5.5～6.0。大蒜喜肥，每生产 1000kg 鲜蒜头需吸收氮 14.8kg、磷 3.5kg、钾 13.4kg。

二、品种类型

大蒜根据其鳞茎外皮的色泽，可分为紫皮蒜和白皮蒜两种类型。

1. 紫皮蒜

外皮浅红或深紫色，蒜瓣少而大，辛辣味浓，蒜薹肥大，产量高，品质好，耐寒力较弱，多分布于东北、西北、华北等地，作春季播种。

2. 白皮蒜

外皮白色，有大小瓣之分，其生长势强，耐寒性亦强，耐贮运，但抽薹力弱，蒜薹产量较低，多作秋季播种。

三、栽培季节与茬次安排

大蒜以露地栽培为主，生产蒜头、蒜薹和青蒜；也可在冬春低温季节进行设施栽培，生产青蒜和蒜黄，以鲜嫩产品调剂淡季供应。

确定栽培季节要根据大蒜不同生育阶段对环境条件的要求及各地区的气候条件进行。一般在北纬 35°以南，冬季不太寒冷，幼苗可安全露地越冬，多以秋播为主；北纬 38°以北地区，冬季严寒，宜在早春播种；而在 35°～ 38°的地区，春秋均可播种。

大蒜播种期受季节，主要是土壤封冻与解冻日期的严格制约。一般要求秋播的适宜日均温度为 20 ～ 22℃，土壤封冻前可长出 4 ～ 6 片叶；春播地区以土壤解冻后，日均温度达 3.0 ～ 6.2℃时即可播种。秋播大蒜的幼苗期长期处在低温条件下，不必顾虑春化条件，因而花芽、鳞芽可提早分化；而春播大蒜的幼苗期显著缩短，应尽量早播，以满足春化过程对低温的要求，促进花芽、鳞芽分化。

知识链接——文化传承

种蒜不出九，出九长独头

"一九二九不出手。三九四九冰上走。五九六九，河边看柳。七九河开，八九雁来。九九加一九，耕牛遍地走。"这里的"九"指的是"数九"，就是从冬至算起，每九天算"一九"，一直数到"九九"八十一天，天气就暖和了。所以，这句农谚告诉我们，一定要在天气转暖之前播种大蒜，否则植株经历低温不够，容易出现独头蒜。

四、露地大蒜春夏季栽培技术

1. 整地做畦

一般应选择 2 ～ 3 年内未种植葱蒜类蔬菜的壤土。春播大蒜一般要在前茬作物收获后于冬前进行深耕，耕前亦要施足有机肥，并翻入土中。至翌春土壤解冻后及时将地面整平耙细。栽培大蒜多采用畦作，可做成宽 1.3 ～ 1.5m 的平畦。

2. 品种选择

大蒜新育成品种较少，目前生产中应多采用地方品种。较优良的品种有陕西蔡家坡紫皮蒜、山东苍山大蒜、河北永年大蒜、吉林白马牙蒜等。

3. 播种

（1）种瓣处理　生产中通常以种瓣作为播种材料。

①选种分级。选择纯度高、蒜瓣肥大、色泽洁白、顶芽粗壮（春播）、基部出现根的突起、无病斑、无损伤的蒜瓣。严格剔除发黄、发软、虫蛀、顶芽受伤及茎盘变黄、霉烂的蒜瓣。然后按大、中、小分级。

②剥皮去踵。选种时剥去蒜皮，剔除干缩茎盘（踵），以促进萌芽、发根。

③晒种。播种前将种瓣在阳光下晒 1 ～ 2 天，提高出苗率，但要防止高温暴晒。

（2）播种密度与用种量　根据各地种植经验，一般认为采用行距 18 ～ 20cm、株距 12 ～ 14cm，每亩栽 2.5 万～ 3.5 万株较为适宜，每亩用种量 100 ～ 150kg。

（3）播种方法

① 干播。按行距开深 3cm 左右的浅沟，然后根据确立的株距在沟里按蒜瓣，按完后覆土 2.0～3.0cm，耙平镇压，再浇明水。

② 湿播。先在沟中浇水，水渗下后播种、覆土。春播多用湿播法。大蒜叶片着生的方向恰与种蒜的蒜瓣腹背面连线相垂直，播种时注意使蒜瓣的腹背连线与行向平行。

4. 田间管理

（1）萌芽期　大蒜播种后保持土壤湿润，促进幼苗出土。幼苗出土时如因覆土太浅而发生跳瓣现象，应及时上土。大蒜出土后，应采取中耕松土提温的方法，对畦面进行多次中耕。

（2）幼苗期至分瓣期　苗高 7cm 左右、2 叶 1 心时进行第一次中耕。长至 4 叶 1 心时进行第二次中耕，此时已进入大蒜退母期，叶尖出现黄化现象。因而应结合中耕前的浇水进行施肥，以防因营养不足而影响植株生长。

（3）蒜薹伸长期　蒜薹伸长期进行大肥、大水管理，促秧催薹，5～6 天浇 1 次水，隔两水就要施 1 次肥，每次每亩施硫酸钾或复合肥 10～15kg，或腐熟的有机肥 1000kg。采薹前 3～4 天停止浇水，使植株稍现萎蔫，以免蒜薹脆嫩易断。

（4）鳞芽膨大期　前期鳞芽膨大缓慢，蒜薹采收前 1 周，鳞芽膨大才开始加快。蒜薹采收后，鳞芽迅速膨大。此时应追施促头肥，每亩施腐熟的豆饼 50kg，或复合肥 15～20kg，并立即浇水。以后 4～5 天浇水一次，保持土壤湿润，尽量延长叶片和根系寿命，并促进贮藏养分向鳞茎的转移贮藏。直至收获前 1 周停止供水，使蒜头组织老熟。

5. 收获

（1）蒜薹收获　当蒜薹弯曲呈大秤钩形、总苞颜色变白、蒜薹近叶鞘上有 4～5cm 长变为淡黄色时为采收适期。采薹宜在晴天的中午或下午，采用提薹法，一手抓住总苞，一手抓住薹上变黄处，双手均匀用力，猛力提出蒜薹，也可以利用采收工具收获蒜薹。收获时注意保护蒜叶，防止植株损伤。

蒜薹采收

（2）蒜头收获　采薹后 20 天左右，大蒜的叶片变为灰绿色，底叶枯黄脱落，假茎松软，蒜瓣充分膨大后，就应及时收获。收获后运至晒场，成排放好，使后一排的蒜叶搭至前排蒜头上，只晒蒜叶不晒蒜头。晾晒时要进行翻动，经 2～3 天，进行编辫，继续晾晒，待外皮干燥时即可挂藏。蒜头收获后即进入生理休眠期。一般早熟品种的休眠期约 65～75 天，而晚熟品种的休眠期仅 35～45 天。

第六节　露地菠菜越冬栽培

菠菜，藜科菠菜属一、二年生草本植物，原产于中亚细亚伊朗地区，唐朝时传入我国。因其肉质根红色，叶片翠绿，又被称为"红嘴绿鹦哥"。菠菜是蔬菜中抗寒性最强的种类之一，并且生长健壮，适应性广，供应期长，在解决冬、春淡季供应上占有重要地位。

一、生物学特性

1. 形态特征

（1）根　直根发达似鼠尾，红色，味甜可食。主要根群多分布在 30cm 土层中。直根粗而长，侧根不发达，故不适宜移栽。

（2）茎叶　营养生长时期叶片簇生在短缩茎上，叶片肥大，戟形或椭圆形，质地柔嫩，为主要食用部分。生殖生长时期抽生花茎，上生茎生叶，茎生叶较小。花茎柔嫩时也可食用，称"筒子菠菜"。

（3）花　菠菜的花多为单性花，风媒花，一般雌雄异株，少数雌雄同株。根据植株上着生的花性别不同，可分为绝对雄株、营养雄株、雌株、雌雄同株四种类型。

（4）果实种子　生产上用的种子是植物学上的果实，外面有革质果皮，水分和空气不易透入，导致发芽较困难。尖叶菠菜种子带刺，圆叶菠菜种子球形（图 3-7）。种子发芽率一般在 78% 左右，千粒重为 8 ~ 10g。发芽年限一般为 3 ~ 5 年，以 1 ~ 2 年的种子发芽力强。

图 3-7　带刺种子和圆球形种子

2. 生长发育周期

（1）发芽期　从种子吸收萌动到子叶出土展平，适宜条件下需 5 ~ 7 天。此期保持土壤湿润，以利于出苗。

（2）幼苗期　从子叶展开到出现两片真叶，需 7 ~ 10 天。此期需中耕除草、间苗、控水，促进根系发育。

（3）旺盛生长期　两片真叶展开后至花芽分化，适宜条件下需 20 ~ 30 天。此期地上部分迅速生长，形成产品器官。花芽分化时的叶数因品种、播期和气候条件而异，少则 5 ~ 6片叶，多则 20 余片叶。

（4）抽薹开花期　从花芽分化到种子成熟，前期与旺盛生长期重叠。此期应加强水肥管理，促进植株迅速生长，及时采收。

3. 对环境条件的要求

（1）温度　菠菜喜温和的气候条件，但适应性强，特别耐低温。其耐寒力与植株生长状况有关，成株在冬季最低气温为 -10℃ 左右的地区可在露地安全越冬，具有 4 ~ 6 片真叶的植株耐寒力最强。种子在4℃时即可发芽，发芽适温为15～20℃。菠菜植株在10℃以上就能很好生长，营养生长最适宜的温度为20℃左右，高于25℃则生长不良。

（2）光照　菠菜对光照度要求不高，较耐弱光。属长日性植物，其花芽分化适宜的日照及温度范围很广，故越冬菠菜进入翌年春夏季，植株就会迅速抽薹开花。

（3）水分　菠菜喜湿润，要求空气相对湿度80%～90%、土壤湿度70%～80%。干燥时生长缓慢，叶片老化，品质差。特别是在高温强光条件下，营养器官发育不良，但花薹发育占优势，从而加速了抽薹。

（4）土壤营养　菠菜对土壤的适应性较广，但以保水、保肥力强，富含腐殖质的砂壤土为好。适宜的土壤pH 6～7，耐微碱。菠菜为速生菜，每日吸收营养物质的量大，但其根群小，且分布于浅土层，因此需保持充足的速效性养分，应以氮肥为主，其次是磷肥和钾肥。菠菜是硝酸盐含量较高的蔬菜，菠菜产品体内硝酸盐浓度与所施氮肥的种类、用量和时期有关。因此，菠菜施用氮肥宜早且不宜过多。

二、品种类型

1. 尖叶菠菜（刺籽菠菜）

在我国栽培历史悠久，范围广，又称中国菠菜。叶片狭而薄，似箭形或戟形，叶面光滑，叶柄细长。种子有棱刺，果皮较厚，耐寒，不抗热。在长日照下抽薹快，宜作越冬和秋季栽培，春播易抽薹，夏播生长不良。代表品种有双城尖叶、青岛菠菜、大叶乌菠菜、菠杂10号等，如图3-8所示。

尖叶菠菜　　　　　　　　　　　　　　　圆叶菠菜

图 3-8　**菠菜的品种类型**

2. 圆叶菠菜（圆籽菠菜）

叶片肥大，多皱缩，卵圆形或椭圆形，基部心脏形。叶柄短，种子无刺，果皮较薄，耐寒性较差，但较耐热。对长日照不甚敏感，春季抽薹较迟，产量高，多用于春、秋两季栽培，但不宜越冬栽培。代表品种有春秋大叶、春不老菠菜、广东圆叶菠菜、法国菠菜、美国引进的大圆叶等，如图3-8所示。

三、栽培季节与茬次安排

由于菠菜对环境条件有较强的适应性，采用不同品种排开播种，配合各种栽培方法以及贮藏，可做到周年供应。主要栽培季节为春、秋两季。越冬菠菜以适当苗龄的幼苗露地越冬，第二年春返青生长，在 3 ～ 4 月间可陆续上市。此茬菠菜上市早，产量也较高，在解决早春淡季蔬菜供应上有重要作用。

四、露地菠菜越冬栽培技术

（一）整地施基肥

1. 选地

越冬菠菜宜选保水保肥力强、地下水位高的地块。土壤湿润，冬季地温变化幅度小，因此早春幼苗返青后可以少浇水，地温升高较快，有利于幼苗越冬和早春返青后迅速生长。

2. 整地

是指蔬菜播种或移栽前进行的一系列土壤耕作措施的总称，包括清除杂物、平整土地、耕翻、耙细等。其目的是创造良好的土壤耕层构造和表面状态，协调土壤的水肥气热，为播种和蔬菜生长、田间管理提供良好条件。

3. 施基肥

（1）基肥的概念　基肥也叫底肥，是蔬菜播种或定植前结合整地施入的肥料。其特点是施用量大、肥效长，不但能为整个生育时期提供养分，还能为蔬菜创造良好的土壤条件。

（2）种类和用量　一般以有机肥为主，根据需要配合一定量的化肥，化肥应缓效肥与速效肥兼用。越冬菠菜耕翻土地前每亩施腐熟有机肥 3000 ～ 4000kg、复合肥 25kg、硼砂 0.5kg。

（3）施用方法

① 撒施。将肥料均匀地铺撒在田面，结合整地翻入土中，并使肥料与土壤充分混匀。有机肥多撒施。种植越冬菠菜的地块撒施有机肥后，耕翻 20cm 深即可，耙平耙细，防止土壤透风漏气，使根系受冻，造成死苗。

② 沟施和穴施。为提高肥效，也可在定植行下开沟或开穴集中施肥，通常化肥、饼肥等优质肥料多采用沟施或穴施。施肥后应在肥料上覆盖一层土，防止种子或幼苗根系与肥料直接接触而烧种或烧根。

（二）做畦

栽培越冬菠菜可做成 1.2 ～ 1.5m 宽的平畦，每隔 8 ～ 10m 留出风障沟的位置。

（三）播种

1. 播种期

播种早晚与幼苗越冬能力、收获时期及产量都有密切关系。播种过早，越冬幼苗大，外叶衰老，抗寒力弱，使越冬期间干枯脱落的叶片增多。同时，第二年早春时，因叶片蒸腾量大于根系水分吸收量，植株失去水分平衡，基部叶片继续干枯，从而影响及早返青甚至造成全株死亡。播种过晚，幼苗根系浅而弱，不耐寒，也不抗风抗旱，尤其在土壤融冻交替时，根系暴露于土表，易干枯死亡，也会造成减产。另外，越冬幼苗过小，营养积累和叶原基分化都很少，翌春返青后在高温长日照条件下很快抽薹，使叶的生长期缩短而减产。各地经验证明，菠菜在越冬前应有 40 ～ 60 天生长期，越冬幼苗具有 4 ～ 6 片叶，可以安全越冬，而且越冬后枯叶率低。一般北方地区多在 9 月份播种。

2. 种子播前处理

菠菜种子为聚合果，种（果）皮革质，透水透气性差，发芽缓慢。为了播种均匀和出苗整齐，可在播前用力搓种子，把种子搓散，使种皮变薄，以利于吸水。也可进行浸种催芽，用凉水浸种 24h，捞出后放在 15 ～ 20℃的潮湿环境下催芽，3 ～ 5 天后胚根露出即可播种。

3. 播种方法

（1）撒播　冬季最低温度高于 -10℃的地区，可采用撒播，每亩用种量 4 ～ 5kg。采用"蛇蜕皮"播种法，即先将第一个畦内的 3cm 厚表土铲出保留，如土壤墒情较好，可直接将干种子均匀撒播在畦面，并用脚在畦面上踩一遍，使种子和土壤紧密接触。最后从第二个栽培畦中取土覆盖，覆土厚度 3cm。第二畦播种时，从第三畦取土覆盖，以此类推，最后一畦播后，用第一畦留出的表土覆盖。

（2）条播　冬季严寒，最低温度低于 -10℃的地区，可采用条播。在畦面上按行距 10 ～ 15cm 开播种沟，沟深 3cm，踩平沟底。如果土壤墒情较差，可在沟内浇足底水，待水渗下后在沟内均匀撒种。为保证翌年的返青率，播种量可加大，每亩用种 8 ～ 10kg。每畦播完后，用耙子耧平畦面，再轻踩镇压。

菠菜播种

（四）越冬前田间管理

1. 发芽期

一般播种时浇一水即能出苗。如水分不足，可在出苗前轻浇一次水，幼苗出齐后应适当控制水分，以便促根下扎。播后到越冬前的管理，管理目标是培养适龄壮苗。

2. 幼苗期

（1）间苗　当小苗长出两片真叶之后，如果幼苗太多、太挤，就要及时间苗，保持苗距 3 ～ 5cm。间苗的原则为间密留稀、间弱留壮、间病苗留健苗。结合间苗，除去田间杂草，防止杂草与幼苗争夺养分。

（2）松土除草　如果是条播的，还可以在苗子出齐后浅耕松土。因为这个时期菠菜苗小根浅，应以浅耕为主。在越冬前，根据田间状况，松土锄草 2 ～ 3 次。松土锄草可促进菠菜根系发育和叶片生长，使植株健壮，有利于安全过冬。

3. 旺盛生长期

（1）追肥灌水　两片真叶后根据苗情，可追肥（蔬菜生长期间施肥）1 次，每亩追尿素 10kg，以促进叶片生长和叶数增加，提高植株营养水平，增强抗寒能力。具体方法是将尿素溶解后，随灌溉水施入栽培畦。

（2）病虫害防治　入冬前喷药灭蚜 1 ～ 2 次，防止虫害及传播病毒病。

（3）浇封冻水

① 适时浇水。土壤即将结冻，即土表昼化夜冻时（一般在"立冬"至"冬至"之间），一次浇足"封冻水"。封冻水如果浇得过早，水分易蒸发起不到防寒作用，且植株内水分含量大，抗寒性降低，易受冻；如果浇得过晚，土表结冻，水分不能下渗，幼苗不能正常吸收，易造成幼苗窒息、腐烂而死亡。

② 适量浇水。水分充足但要在短时间内渗完，如过量渗不完，在地面结冻易受冻害，并且第二年解冻后地温回升慢，延迟返青。如不足，土壤水分不饱和，易龟裂，使根部受冻。

③ 封冻水的重要作用。浇过封冻水的土壤上下层都有充足的水分，遇冷土壤结冰后，由于冰的导热力小所以地温不易散失，外界冷空气不易直接侵入土中，可保护幼苗免受冻害，而且根系在冻土的包围下不易失水。另外，浇封冻水后的菠菜早春返青时不受干旱，可延迟浇返青水，防止地温降低。封冻水最好灌稀粪水，既能保证土温，又能为翌年返青后的生长提供养分。

（4）设置风障　需设置风障的，在土壤冻结前挖好风障沟，浇冻水后夹风障。在严寒地区越冬，如能对菠菜加以覆盖，有利于防寒保温，可提早返青。

（五）翌年春田间管理

1. 返青前

早春土壤化冻前，若遇降雪，要及时清除，以防雪水融化下渗引起降温和氧气不足而沤根。土壤逐渐化透时，及时清除覆盖物，耙松表土，利于增温保墒通气。

2. 返青期

从越冬后植株恢复生长至开始采收，需 30 ～ 40 天。返青后，当菠菜心叶开始生长时，选择晴天浇返青水。返青水宜小不宜大，最好浇后有一段稳定的晴天。返青后外界温度升高，叶部生长加快。但菠菜属长日照蔬菜，在 12h 以上长日照条件和较高温度下，有利于抽薹。之后要肥水齐攻，加速其营养生长。因此，返青水过后，要保持地皮不干，肥水交替灌溉。为减少菠菜产品体内硝酸盐的含量，肥料宜选用豆饼水、沼液等有机氮肥等。

（六）采收

菠菜长到一定大小时，即可根据市场需求分次收获。当低温短日照的冬季转变到高温长日照的春季时，越冬菠菜迅速抽薹开花。当有少数花薹时就要全部采收，否则影响品质。

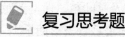 **复习思考题**

1. 大白菜露地秋季栽培中播种后如何管理？

2. 萝卜在栽培过程中肉质根易出现哪些质量问题？如何防止？

3. 葱蒜类蔬菜萌芽出土有什么特点？

4. 秋播大葱的播种时间如何确定？

5. 简述大葱幼苗的定植过程。

6. 大葱为什么进行培土？怎样培土？

7. 什么叫洋葱的先期抽薹？怎样避免？

8. 什么叫"退母"？"独头蒜"是怎样形成的？

9. 进行大蒜露地栽培时怎样选种和处理种瓣？

10. 露地大蒜播种后怎样管理才能提高产量和品质？

11. 菠菜有哪两种类型？各有何特点？

12. 越冬菠菜为什么要浇封冻水？怎样浇封冻水？

设施蔬菜春早熟栽培

第一节　地膜覆盖马铃薯春早熟栽培

马铃薯别名土豆、洋芋、山药蛋等，为茄科茄属一年生草本植物。起源于南美洲秘鲁和玻利维亚的安第斯山区，栽培历史约有 8000 年之久。我国马铃薯栽培始于 16 世纪末至 17 世纪初，由欧美传教士传入我国。马铃薯营养丰富，以块茎为产品器官，是一种菜粮兼用作物，在中国主要作为蔬菜栽培，居薯芋类蔬菜之首，分布广，面积大。由于块茎极耐贮运，因此，马铃薯是调节市场淡旺季节的主要蔬菜。

一、生物学特性

1. 形态特征

（1）根　马铃薯为须根系，主要分布在 40 ~ 70cm 深的土层中，包括初生根和匍匐根。初生根由芽基部萌发而来，构成了马铃薯主要的吸收根系，一般在水平方向生长到 30cm 左右再逐渐向下垂直生长。匍匐根是在地下茎叶节处的匍匐茎周围发出的根，大多分布在土壤表层。

（2）茎　可分为主茎、匍匐茎和块茎。主茎根据位置不同，分地上主茎和地下主茎。

直立生长在地上部分的为地上主茎，地下部分为地下主茎。地上茎绿色或附有紫色素，主茎以花芽封顶而结束，花下两个侧枝，形成双杈式分枝。各叶腋中均能发生侧芽，形成侧枝。地下主茎的侧枝横向生长成为匍匐茎，匍匐茎生长到一定时期先端膨大，形成茎的变态器官，即块茎（图4-1）。

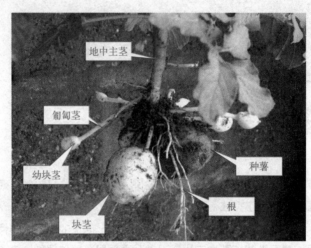

图4-1　马铃薯根系与地下茎形态

（3）叶　块茎繁殖马铃薯第一片初生叶为单叶，心脏形或倒心脏形，全缘。第2～5片为不完全复叶，一般从第5片或第6片以后发生的叶为奇数羽状复叶，叶互生，有托叶，顶端叶片单生。叶片表面密生茸毛，有抗旱抗虫作用。绝大部分品种的主茎叶由2个叶环，即16片复叶组成。

（4）花　伞形或聚伞形花序，每个花序有7～9朵花，着生在茎的顶端。花瓣白色、淡红或淡紫色等，小花5瓣，两性花，自花授粉。多数品种受精能力差，不能自然结实。早熟品种第一花序、中晚熟品种第二花序开放时地下块茎开始膨大，花序的开放是马铃薯植株由发棵期转入结薯期的形态标志。

（5）果实和种子　果实为浆果，球形或椭圆形，青绿色。种子细小，肾形，浅褐色，千粒重一般为0.5～0.6g。种子繁殖能避免大多数病毒的累积，但因后代性状分离大，遗传性不稳定，以及育苗技术繁杂，生产上很少采用。二季作地区，大多数马铃薯品种"花而不实"，只有少数品种结果，果实生长与块茎争夺养分，对产量形成不利，摘除花蕾有利于增产。

2. 生长发育周期

马铃薯一般生产上多用块茎繁殖，称为无性繁殖。马铃薯一般是从薯块到薯块的无性生长过程，从块茎的芽萌发，到新的块茎成熟收获。整个生育期可分为发芽期、幼苗期、发棵期（块茎形成期）、结薯期（块茎膨大期）和休眠期5个时期。

（1）发芽期　从种薯解除休眠、芽眼开始萌动到幼苗出土为发芽期。一般春季约需25～35天，秋季10～20天。发芽期以地下主茎生长为主，进行主茎的第一段生长。

（2）幼苗期　从出苗到第6叶或第8叶展平，即第1叶序环形成为幼苗期，俗称团棵，需要15～20天。进行主茎的第二段生长。幼苗期根系继续扩展，匍匐茎先端开始膨大，块茎开始形成。同时，顶端第1花序开始孕育花蕾，其下侧枝开始发生，但生长中心主要在茎叶。

（3）发棵期　也叫块茎形成期，从团棵到主茎封顶叶（第 16 叶或第 12 叶）展平，即形成 2 个叶序环。早熟品种第 1 花序开放，晚熟品种第 2 花序开放为发棵期结束的标志。此期主茎叶已全部形成功能叶，块茎逐渐膨大至 2 ～ 3cm 大小。完成主茎第三段生长。此期约 30 天。

（4）结薯期　也叫块茎膨大期，从开花到薯块收获。生长以块茎膨大增重为主。块茎迅速膨大，尤以开花期的十几天膨大最快。此期形成产量的 80% 左右。结薯期一般 30 ～ 50 天。

（5）休眠期　从茎叶衰败以后或收获时开始进入块茎休眠期。休眠期的长短因品种而异。在温度 25℃ 左右时，休眠期一般为 1 ～ 3 个月。在温度 0 ～ 4℃ 的条件下，块茎可以长期保持休眠状态。休眠期的长短还受温度、湿度等环境条件的影响。块茎休眠属生理性自然休眠，是主动休眠。赤霉素处理可提早解除休眠，但多数品种在成熟后 20 天内，休眠强度高，不易打破。

马铃薯块茎的
形成

3. 对环境条件的要求

（1）温度　马铃薯喜冷凉温和的气候，耐轻霜，不耐热。解除休眠的块茎在 4 ～ 5℃ 时可以生根。马铃薯块茎在 7 ～ 8℃ 时芽眼开始萌动，10 ～ 12℃ 时幼芽可苗壮成长并很快出土。幼苗期和发棵期是茎叶生长的阶段，最低温度为 7℃，最适温度为 15 ～ 21℃。结薯期的温度对块茎形成和干物质积累影响很大，此时期对温度要求比较严格，要求较大的昼夜温差。块茎形成的最适土温为 16 ～ 18℃，气温 20℃。

（2）光照　马铃薯为喜光作物。日照长短直接影响植株生长和块茎形成，一般以每天日照时长 11 ～ 13h 最为适宜。短日照促进块茎形成；长日照则使茎叶徒长，不利于块茎的形成。结薯期要求强光、短日照和较大的昼夜温差，从而有利于同化产物向块茎的运转与积累。

（3）水分　马铃薯对水分要求敏感，整个生育期要求土壤湿润。不同时期对水分要求不同，一般保持田间持水量的 60% ～ 80% 最为适宜。块茎形成期需水最多，保持田间持水量的 70% ～ 80%。结薯后期切忌水分过多。

（4）土壤与养分　马铃薯在土层深厚、疏松透气、排灌方便、富含有机质的砂壤土中生长最好。马铃薯喜酸性土壤，适宜的土壤 pH 为 4.8 ～ 7.0。马铃薯是需肥较多的作物，以氮、钾肥最为突出，其次为磷。施用钾肥对提高产量和改善品质都有显著作用，但不宜施用氯化钾。马铃薯喜有机肥，以大量腐熟的厩肥、鸡粪、人粪尿作基肥，配合化肥作追肥。

二、品种类型

马铃薯栽培品种很多，按照块茎成熟期分为早熟品种、中熟品种和晚熟品种。

1. 早熟品种

早熟品种从出苗到块茎成熟需 50 ～ 70 天，植株矮小，产量低，淀粉含量中等，不耐贮存，芽眼较浅。优良品种有早大白、白头翁、克新 4 号、克新 5 号、郑薯 2 号等。

2. 中熟品种

中熟品种从出苗到块茎成熟需 80 ～ 90 天，植株较高，产量中等，淀粉含量偏高。优良品种有克新 1 号、中薯 2 号、协作 33 等。

3. 晚熟品种

晚熟品种从出苗到块茎成熟需 100 天以上，植株高大，产量高，淀粉含量高，较耐贮存，芽眼较深。优良品种有高原 7 号、沙杂 15、乌盟 621 等。

高产和贮藏栽培应选中熟、晚熟品种；提早供应，二季作和间套作栽培应选早熟品种。一般在北纬 42° 以北和海拔 800m 以上地区，宜选择中晚熟品种；江淮流域宜选择中早熟品种；华南东部冬作区由于结薯期需短日照条件，仍以早熟品种为宜。

三、栽培季节与茬次安排

确定马铃薯栽培季节的总原则是把结薯期安排在土温 16～18℃，气温白天 24～28℃和夜间 16～18℃的季节。马铃薯一、二季作地区的春季栽培在终霜前 30～40 天，10cm 地温稳定在 5～7℃时为播种适期，地膜覆盖可提前 10～15 天播种。

四、地膜覆盖马铃薯春早熟栽培技术

1. 品种选择

地膜覆盖马铃薯春早熟栽培宜选择优质高产、抗病耐贮的早熟品种，如早大白、费乌瑞它、荷兰七号、克新 4 号、克新 5 号、郑薯 2 号等。

2. 整地做畦

（1）选地整地　马铃薯忌连作，应轮作 2 年以上，葱蒜类、胡萝卜、黄瓜茬为较好的前茬。选择耕层深厚、疏松肥沃、地势较高、灌排方便的壤土或砂壤土。重施基肥，增施磷钾肥，前茬作物收获后及时犁耕灭茬，翻土晒垡，结合整地每亩施腐熟有机肥 5000kg 左右、过磷酸钙 25kg、草木灰 200～250kg。

（2）做畦覆膜　为了便于地膜覆盖，栽培方式上宜采用宽垄双行地膜覆盖栽培，垄宽 70～80cm，垄高 15～20cm，株距 20～25cm。每亩用种量约需 150～180kg，早春地膜覆盖栽培应保持每亩种植 5000 株左右。

3. 播种技术

（1）催芽与切块　种薯催芽是适期早播的一项有效增产措施，可提早出苗 7～10 天，起到延长生育期的作用。通过催芽还可淘汰由感染病毒造成的纤细芽，或芽眼坏死的病薯，以利播后苗全苗壮。于播种前 20～25 天将种薯置于 15～20℃、空气相对湿度 60%～70% 的黑暗条件下暖种催芽。经 10～15 天，芽长 0.5～1.0cm 时，在 12～15℃条件下将种薯在散射光下晾晒 10 天，芽见光后则停止伸长，变绿变粗。

催芽后将种薯切块，保证每个种薯块不能少于 30g，每块至少保留 1～2 个芽眼。较小的种薯可自顶部纵切 2～4 块；大块种薯先从基部切块，至一定大小时，再由顶部纵切 4～5 块。切块刀口晾干愈合后即可播种。

没经过催芽处理的种薯可用赤霉素液处理。薯块可用 0.5mg/L 赤霉素液，整薯用 10mg/L 赤霉素溶液，浸泡 10min，浸种后催芽或立即播种。

马铃薯种薯切块

（2）播种要求　足墒播种。如墒情不足，需提前灌水造底墒。开播种沟，由于覆盖地膜后不易培土，所以播种深度一般在 10～15cm，种芽向上栽种薯块。薯块间点施三元复合肥，每亩用量 20kg，播后耧平垄面。如果播种深度不够，后期薯块露出地面，变绿发青失去商品价值。

（3）覆盖地膜　早春为提高地温，宜采用透明地膜覆盖。为防除杂草，覆膜前可喷施除草剂，通常每亩用 50% 的乙草胺药液 130 ～ 180mL，加水 30 ～ 40kg，在土壤湿润的情况下喷施垄面。要严格执行喷施浓度，不重喷，不漏喷，使除草剂在垄表面形成一层除草膜。喷完马上覆盖地膜，使地膜平贴畦面，将薄膜四边嵌入沟中用细土压紧盖实，垄上也需间隔压土，防止风吹揭膜。

4. 田间管理

（1）幼苗期　马铃薯播种后 25 ～ 30 天出苗，出苗后即幼苗期，适时破膜。当薯芽破土出苗顶膜时，及时在破土处的地膜上划一个 4 ～ 5cm 的出苗口引苗出膜，同时在地膜破口处放少许细土覆盖地膜的破口，防止地膜内过高温度的气流灼伤马铃薯幼苗。破膜不能过晚，以防高温烧苗，破膜孔也不宜过大，否则影响保温效果和引起杂草滋生。幼苗开始生长后，结合浇水施提苗肥，每亩施尿素 15kg，可先将化肥溶解后，随水冲施。

（2）发棵期　此期控制浇水，土壤不旱不浇水。如出现徒长现象，可用 100mg/L 的多效唑溶液叶面喷施 1 ～ 2 次。

（3）结薯期

① 水肥管理。结薯期应及时追肥灌水。尤其是开花前后，土壤应保持湿润，防止土壤干旱。结薯前期每亩追施复合肥 15 ～ 20kg，可用施肥器在株间点施，随后灌水，以水化肥。同时辅以根外追肥，每周喷施 1 次浓度为 0.3% 的磷酸二氢钾。采收前 5 ～ 7 天停止浇水，促薯皮老化，以利贮藏。

② 摘除花蕾。摘除马铃薯花蕾可减少养分消耗，提高产量。具体操作方法是在植株现蕾开花 30% 时，第 1 次去除花蕾，以后每隔 3 ～ 4 天摘花 1 次，连续摘 2 ～ 3 次。去花蕾时用手捏住花序基部，向上提捏即可，但要注意不能伤害叶片。

③ 防止"露头青"。地膜覆盖栽培，要定期检查膜下有无薯块露出地面，及时在地膜外压土，防止薯块见光变绿。

5. 收获

马铃薯的生长期越长，产量越高，北方一季作区可延迟到茎叶枯黄时收获。为提早供应市场，也可在规定的收获期之前半个月开始陆续收获。收获后马铃薯要避免雨淋日晒，应在雨季前收获完毕。大面积收获应提前 1 ～ 2 天先割去地上部茎叶，然后用犁冲垄，将块茎翻出地面，人工采拾，面积小的可以人工刨收。

 知识链接——科技创新

为什么马铃薯不能自己留种繁殖?

马铃薯长期采用营养繁殖，病毒会在种薯中逐渐积累，致使植株生长势衰退、株形变矮、叶面皱缩、叶片出现黄绿相间的嵌斑，甚至叶脉坏死，直到整个复叶脱落等，造成大幅度减产。

解决马铃薯退化的主要对策是利用茎尖脱毒。茎尖脱毒是利用病毒在植物组织中分布不均匀性和病毒愈靠近根、茎顶端愈少的原理，而切取很小的茎尖实现的。马铃薯茎尖脱毒切取的茎尖（生长点）长度一般为 0.2~0.3mm，只带 1~2 个叶原基，经过组织培养成苗后进行病毒检测，确实不带病毒才能繁殖茎尖苗，生产无毒种薯。未经过病毒检测的，不宜繁殖推广。

第二节　小拱棚生姜栽培

生姜又称姜、黄姜，为姜科姜属能形成地下肉质茎的栽培种，为多年生草本植物，原产于中国及东南亚热带地区，生产中多作一年生栽培。生姜中除含有糖类、蛋白质外，还含有姜辣素，具有特殊香辣味，可做调料或加工成多种食品，能健胃、去寒、发汗。

一、生物学特性

1. 形态特征

（1）根　浅根系，不发达，可分为纤维根和肉质根两种。纤维根是在种姜播种后，从幼芽基部发生的数条线状不定根，沿水平方向生长，也叫初生根。肉质根是植株从姜母和子姜上发生的不定根。

（2）叶　叶披针形，平行脉，互生，有蜡质，在茎上排成两列。

（3）茎　生姜的茎包括地下茎和地上茎两部分。地上茎直立生长，姜芽破土时茎端生长点由叶鞘包围，称为假茎；地下茎也叫根茎，由姜母及其两侧腋芽不断分枝形成的子姜、孙姜、曾孙姜等组成（图 4-2），其上着生肉质根、纤维根、芽和地上茎。

图 4-2　生姜根茎的形态与组成
1—姜母；2—子姜；3—孙姜

（4）花　生姜在我国南方能开花，在高于北纬 25° 时不能开花。穗状花序，橙黄色或紫红色。单个花下部有绿色苞片迭生，层层包被。苞片卵形，先端具硬尖。

2. 生长发育周期

生姜为无性繁殖的蔬菜作物，其生长虽具阶段性，但划分并不严格，现多根据其生长形态及生长季节将其划分为以下几个时期：

（1）发芽期　种姜通过休眠幼芽萌动，至第1片姜叶展开为发芽期。包括催芽和出苗的整个过程，需50天左右。这一时期主要靠种姜中贮藏的养分生长。

**姜地下根状茎
的形成**

（2）幼苗期　由展叶至具有两个较大的一级分枝，即"三股杈"时为幼苗期，需70天左右。这一时期地上茎长到3～4片叶，主茎基部膨大，形成姜母。

（3）旺盛生长期　从"三股杈"直至收获为旺盛生长期，约80天。这一时期地上茎叶与地下根茎同时旺盛生长，是产品器官形成的主要阶段。此期大量发生分枝，姜球数量增多，根茎迅速膨大，生长量占总生长量的90%以上。

（4）根茎休眠期　收获后入窖贮存，迫使根茎处于休眠状态的时期。

3. 对环境条件的要求

（1）温度　喜温而不耐寒。幼芽萌发的适宜温度为22～25℃，若超过28℃，发芽速度变快，但往往造成幼芽细弱。生姜茎叶生长时期以25～30℃为宜，温度过高过低均影响光合作用，减少养分制造量。在根茎旺盛生长期，要求有一定的昼夜温差，以日温25℃左右、夜温17～18℃为宜。

（2）光照　耐阴作物，发芽时要求黑暗，幼苗期要求中强光，不耐强光，需要遮阴。旺盛生长期也不耐强光，但此时植株自身可互相遮阳，不需人为设置遮阳物。

（3）水分　不耐干旱，要求土壤湿润，土壤相对湿度70%～80%有利于生长。土壤干旱，茎叶枯黄，根茎不能正常膨大；土壤过湿，茎叶徒长，根茎易腐烂。

（4）土壤营养　适宜土层深厚、疏松透气、有机质丰富、排灌良好、pH为5～7的肥沃壤土。生姜为喜肥耐肥作物，据测定，每生产1000kg鲜姜约吸收氮6.34kg、磷0.57kg、钾9.27kg、钙1.30kg、镁1.36kg。

二、品种类型

根据植株形态和生长习性可分为两种类型：

1. 疏苗型

植株高大，茎秆粗壮，分枝少，叶深绿色，根茎节少而疏，姜块肥大，多单层排列。如山东莱芜大姜、广东疏轮大肉姜等。

2. 密苗型

长势中等，分枝多，叶色绿，根茎节多而密，姜球数多，双层或多层排列。如山东莱芜片姜、浙江红爪姜等。

三、栽培季节与茬次安排

生姜的适宜栽培季节要满足以下条件，5cm地温稳定在15℃以上，从出苗至采收要保证适宜生长天数在140天以上，生长期间有效积温达到1200℃以上。生产中应尽量把根茎形成期安排在昼夜温差大等气候条件适宜的时段。现在采用设施栽培也可提早播种或延迟收获，但必须保证小环境的条件适于生姜生长。东北、西北高寒地区由于无霜期短，在自然条件下生姜生育时间短，积温不足，产量较低。因此，东北地区采用地膜加小拱棚栽培生姜，可在4月上中旬播种，可比露地播种提前10～15天，延长生育期，有利于提高产量。

四、小拱棚生姜栽培技术

1. 培育壮芽

（1）选种 应选择肥大、丰满、皮色光亮、肉质新鲜、不干缩、不腐烂、未受冻、质地硬、无病虫害的健康姜块作种，严格淘汰瘦弱干瘪、肉质变褐及发软的种姜。

（2）晒姜与困姜 播种前20～30天，从贮藏窖内取出姜种，用清水洗去根茎上的泥土，然后平排在背风向阳的平地上或草席上晾晒1～2天。傍晚收进室内，以防夜间受冻。晒姜要注意适度，不可暴晒。种姜晾晒1～2天后，再将其置于室内堆放2～3天，姜堆上覆盖草帘，促进养分分解，称作"困姜"。一般经2～3次晒姜和困姜，便可以开始催芽了。

（3）催芽 北方称催芽过程为"炕姜芽"，多在谷雨前后进行；南方叫"熏姜"或"催青"，多在清明前后进行。催芽可在室内或室外筑的催芽池内进行，各地催芽的方法均不相同。温度保持22～25℃较为适宜，最高不要超过28℃。温度过高注意通风降温，但最低不要低于20℃。当芽长0.5～2.0cm、粗0.5～1.0cm时即可播种。

2. 整地做畦

前茬作物收获以后便进行秋耕。于第二年春季土壤解冻后再细耙1～2遍，并结合耙地每亩施入优质农家肥5000kg，或豆饼肥料75～100kg或硫酸铵15kg、硫酸钾10kg。然后机械旋耕起垄，垄距50cm，垄宽20cm，清明节前结束起垄。

3. 播种

（1）掰种姜 将大块的种姜掰开，每块姜上只保留1个短壮芽，其余幼芽全部去除，剔除基部发黑或断面褐变的姜芽，一般掰开的姜块质量在50～75g为宜。

（2）浸种 播种前可用1%波尔多液或用草木灰浸出液浸种20min，取出晾干备播，进行种姜消毒处理。用250～500mL/m³乙烯利浸泡15min，能促进生姜分枝，增加产量。

（3）播种 播种前在垄沟内浇底水，水渗下后，把种姜按一定株距排放沟中。不同条件下的播种密度不同，一般土壤肥力高、肥水条件好的地块，种姜块60～75g，株距18cm，每亩栽6500～7000株；土壤肥力及肥水条件中等的地块，种姜块60～75g，株距16～17cm，每亩栽7800～8300株；土壤肥力及肥水条件差的地块，种姜块小于50g，株距15cm，每亩栽9000～9500株。播种时注意使幼芽方向保持一致。若东西向沟，则幼芽一致向南，南北向沟则幼芽一致向西（图4-3）。放好后用手轻轻按入泥中使姜芽与土面相平即可。而后用细土盖住姜芽，种姜播好后覆土4～5cm。

全部播种完毕后搭建小拱棚，拱架架材可用90～100cm长的竹片、槐树条或8号铁丝。小拱棚上覆盖幅宽90cm、厚约0.005cm的地膜，生产中多选用生姜专用绿色薄膜，除保温保湿外，还具有遮阴、除草的作用。每隔0.5m插一拱架，拱架跨度40cm，拱高35cm，拱棚间距20cm，覆土后垄沟深10cm。拱架要插得整齐一致，地膜盖好后用土压实，防止大风揭开。

4. 田间管理

（1）适时通风 小拱棚生姜栽培于5月上中旬出苗，比露地栽培早30天左右。出苗后要注意适时通风，以免烤苗。最初在拱棚侧面扎孔放小风，通风时间应选在上午8时至9时，此时膜内外温差较小，幼苗不易受害。随着气温升高逐渐加大风口。6月上旬开始在拱棚顶部划口通风，先小后大。至7月上旬完全撤去地膜，拆除拱棚，把残膜清除田外。

图4-3　**姜播种**

（2）以草遮阴　姜喜阴怕晒。北方地区用谷草插成稀疏的花篱，为姜苗遮阴。通常高度为60cm，透光率50%左右。立秋之后，可拔除姜草。也有的地区利用保留田间高棵杂草的方式，为姜苗遮阴。

（3）合理浇水　幼芽70%出土后浇第1次水，2～3天接着浇第2次水，以利出齐苗。以后以浇小水为主，保持地面半干半湿至湿润。除膜后灌1次水，三片真叶至旺盛生长期结束，需隔4～6天浇1次水，全生育期结合降水需灌水8～10次。雨季要注意排水防涝。收获之前停止浇大水，但为了便于收获，保持姜块潮湿，在收获前3～4天浇1次水。

（4）追肥与培土　在苗高30cm左右、发生1～2个分枝时追1次壮苗肥，以氮素化肥为主，每亩施用硫酸铵或磷酸二铵20kg。8月上中旬结合拔除遮阴草，每亩施饼肥75kg，或三元复合肥15kg，或磷酸二铵15kg、硫酸钾5kg。肥料穴施后立即灌水。水渗后进行第1次培土。9月上中旬后，追部分速效化肥，尤其是土壤肥力低、保水保肥力差的土壤，一般每亩施硫酸铵15kg、硫酸钾10kg。结合浇水施肥，视情况进行第2次、第3次培土，使原来的垄沟变垄台，逐渐把垄面加厚加宽。

5. 收获

生姜的收获分收种姜、收嫩姜、收鲜姜三种。种姜一般应与鲜姜一并在生长结束时收获，也可以提前于幼苗后期收获，但应注意不能损伤幼苗。收嫩姜是在根茎旺盛生长期，趁姜块鲜嫩时提早收获，适于加工成多种食品。收鲜姜一般待初霜到来之前，在收获前3～4天浇1次水，收获时可将生姜整株拔出，抖落掉泥土，将地上茎保留2cm后用手折下或用刀削去，摘去根，趁湿入窖，无须晾晒。

第三节　双膜覆盖薄皮甜瓜春早熟栽培

甜瓜，葫芦科甜瓜属一年生蔓性植物，包括厚皮甜瓜和薄皮甜瓜两个生态类型。薄皮甜瓜起源于印度和我国西南部地区，又称中国甜瓜、香瓜。喜温暖湿润气候，较耐湿抗病，适应性强。在我国，除无霜期短、海拔 3000m 以上的高寒地区外，南北各地广泛栽培。东北、华北地区是薄皮甜瓜的主要产区。与厚皮甜瓜相比较，薄皮甜瓜植株长势较弱、叶色较深、抗逆性强，但瓜皮较薄，不耐贮运，适宜就地生产，就近销售。甜瓜果实营养丰富、口味甜美、气味芳香，以作水果鲜食为主，也可加工成果脯、蜜饯、罐头等。

一、生物学特性

1. 形态特征

（1）根　薄皮甜瓜根系好气性强，要求土质疏松、通气性良好的土壤条件，故大部分根群多分布于 10 ～ 30cm 的耕作层中。根系木栓化程度高，再生能力弱，损伤后不易恢复，因此栽培中应采用护根育苗。

（2）茎　茎在苗期节间短，可直立生长，4 ～ 5 片叶后节间伸长，爬地匍匐生长。茎的分枝能力极强，主蔓的各个叶腋均能抽生子蔓，子蔓上发生孙蔓，孙蔓上还能再生侧蔓，只要条件适宜可无限生长。

（3）叶　单叶互生，叶形为圆形、肾形或心脏形，叶柄及主脉具短刚毛，正反面均被茸毛，叶缘不分裂或浅裂。叶腋处着生腋芽、花器及卷须。

（4）花　花着生在叶腋处，雌雄异花同株。雌花单生，雄 3 ～ 5 朵簇生，多数品种雌花是具雄蕊的两性花，又称结实花。雌雄花均具蜜腺，属于虫媒花，自花授粉和异花授粉都能结出果实。主蔓雌花出现较迟，子蔓、孙蔓雌花出现较早，通常在 1 ～ 2 节出现雌花。主蔓雌花比例仅 0.2%，子蔓达 11%，而孙蔓高达 40% ～ 63%，故甜瓜多以子蔓或孙蔓结果为主。

（5）果实　薄皮甜瓜果实较小，一般单瓜重 0.3 ～ 1.0kg，果实形状、果皮颜色因品种而异，可溶性固形物含量 8% ～ 12%，果肉或脆而多汁，或面而少汁。果实成熟时，一般具有不同程度的芳香味。薄皮甜瓜的食用部分为整个果皮和胎座，果肉较薄，腔室较大。

（6）种子　甜瓜种子扁平，椭圆形或长椭圆形，黄白色。薄皮甜瓜种子小，千粒重 5 ～ 20g。单瓜种子数约 400 ～ 600 粒。

2. 生长发育周期

甜瓜的整个生育期大致可分为以下四个时期。

（1）发芽期　从播种至第一片真叶显露，适宜条件下需 1 周左右。此期主要靠种子贮藏的养分转化来提供能量，根系和地上部干重增长很少，主要是胚轴的伸长。子叶是主要同化器官，其生理活动旺盛。管理上要注意控制夜温，防止下胚轴徒长形成"高脚苗"，同时注意防止猝倒病的发生。

（2）幼苗期　从第一片真叶显露至幼苗具 5 ～ 6 片真叶的"团棵期"，适宜条件下需 25 天左右。此期幼苗生长缓慢，节间较短，呈直立生长，同时花芽和叶芽大量分化，因此需要创造良好的生育环境，满足花芽、叶芽分化的要求，为以后植株生长和结实打下基础。生产上宜采取大温差管理，白天给予充足的光照、较高的温度（30℃左右），以提高同化率，积累充足的营养；夜间给予 15 ～ 18℃ 的低温有利于花芽分化和结实花形成。

（3）伸蔓期　从"团棵期"至第一朵结实花开放，约需 20 ～ 25 天。此期根系迅速扩展，吸收量增加，侧蔓不断发生，迅速伸长，每 2 ～ 3 天就展开一片新叶，植株进入旺盛生长阶段（图 4-4）。此期是植株建立强大的营养体系，为果实膨大奠定物质基础的关键时期。可通过肥水管理及植株调整来控制植株生长势，以确保营养生长和生殖生长的平衡。

图 4-4　薄皮甜瓜伸蔓期

（4）结果期　从结实花开放到果实采收为结果期，早熟品种需 20 ～ 40 天，晚熟品种需 70 ～ 80 天。此期又可细分为结果前期、结果中期和结果后期三个阶段。

① 结果前期。自结实花开放到果实坐住，约需 7 天。此期是植株由茎叶生长为主转向果实生长为主的过渡期，植株长势虽较强，但果实生长逐渐占优势。双膜覆盖栽培由于缺少昆虫传粉，可通过人工辅助授粉或放蜂授粉来提高坐果率。

② 结果中期。自果实迅速膨大至停止增大。此时植株总生长量达最大值，植株生长以果重增长为主，是果实生长最快的时期，日增长量达 50 ～ 100g。同时茎叶的生长显著减少或停滞，此期是决定果实膨大的关键时期，生产上应保证水肥供应充足。

③ 结果后期。自果实停止膨大至成熟，营养生长停滞甚至衰退。此时果实体积增加很少，但果重仍有增加，主要是由于果实内部发生生理生化变化，糖分增加。此期应停止追肥灌水，促进果实成熟。

3. 对环境条件的要求

（1）温度　薄皮甜瓜是喜温作物，生长适宜的温度范围为日温 25 ～ 32℃、夜温 15 ～ 20℃。不同生育阶段对温度要求不同。种子发芽的适温为 28 ～ 32℃，温度低于 15℃ 种子不发芽。幼苗期给予较低的夜温有利于结实花的形成，使其数量增加，节位降低。开花期最适温度为 25℃，夜温不低于 15℃，15℃ 以下则会影响甜瓜的开花和授粉。果实发育期间，白天

28～32℃，夜间15～18℃，保持10℃以上的昼夜温差，有利于果实的发育和糖分的积累。

（2）光照　薄皮甜瓜为喜强光作物，光饱和点为55～60klx，光补偿点为4klx。光照充足，甜瓜株形紧凑，节间和叶柄较短，蔓粗，叶大而厚实，叶色浓绿。坐果期光照不足，植株表现为营养不足、花小、子房小、易落花落果；结果期光照不足，则影响物质积累和果实生长，表现为果实膨大慢、着色不良、香气不足、含糖量下降、品质差。

薄皮甜瓜为短日性植物，每天10～12h的日照有利于光合产物的积累和结实花的分化，表现为花芽分化提前，结实花节位低、数量多、开花早。

（3）水分　薄皮甜瓜生长快，茎叶繁茂，叶片蒸腾量大，故需水量较大。但其根系不耐涝，受淹后缺氧而致植株死亡。不同生育时期对水分要求不同，发芽期需要充足的水分，苗期需水不多，但要保持土壤湿润。伸蔓期至开花坐果期，是甜瓜需水较多的时期，应保证土壤水分含量达田间最大持水量的70%。果实膨大期，土壤湿度要达到田间最大持水量的80%，缺水会影响果实膨大。果实成熟期，土壤湿度宜低，保持在田间最大持水量的55%～60%。甜瓜要求空气干燥，适宜的空气相对湿度为50%～60%。

（4）土壤营养　薄皮甜瓜对土壤条件的适应性较广，但以疏松、土层厚、土质肥沃、通气良好的砂壤土为最好。砂质壤土早春地温回升快，有利于甜瓜幼苗生长，果实成熟早，品质好。薄皮甜瓜耐盐碱性强，在pH7～8能正常生育。在轻度盐碱土壤上种甜瓜，可增加果实的含糖量，改进品质。

薄皮甜瓜需肥量较大，每生产1000kg产品需氮4.6kg、磷（P_2O_5）3.4kg、钾（K_2O）3.4kg。生产中应重视氮磷钾肥的配合施用，三者的比例以3.28∶1∶4.23为宜。此外，钙和硼对甜瓜的生长发育也很重要。甜瓜为忌氯作物，在含氯离子较高的土壤上生长不良。生产中不宜施用氯化铵、氯化钾等肥料，也不能施用含氯农药，以免对植株造成不必要的伤害。

二、品种类型

薄皮甜瓜根据果皮色泽可分为六个品种群，即白皮品种群、黄皮品种群、绿皮品种群、花皮品种群、绵瓜品种群和小籽品种群。

1. 白皮品种群

成熟后果皮白色、绿白色或乳白色，充分成熟时略带黄白色。果实长圆筒形、梨形或近圆形，果肉白色或绿色。主要品种有山东益都银瓜、广东华南108、黄淮流域的白糖罐及陕西白兔娃、白线瓜等。

2. 黄皮品种群

成熟后果皮金黄、橙黄、浅黄等呈黄色的品种。果实椭圆、近圆或梨形，果肉白色。主要品种有江浙的黄金瓜，河北、湖南的八方瓜，河南的黄金醉，黑龙江的喇嘛黄、黄梨、黄沙蜜，南京的太阳红，湖北的荆农4号，河北的皇姐、金宝，上海的黄十条筋，江宁黄皮，台湾的金辉等。

3. 绿皮品种群

果皮绿色、绿黄色或墨绿色。果形有长筒形、牛角形、梨形等。果肉浅绿色、绿色或浅橙红色。主要品种有江、浙、沪的海冬青，黑龙江的铁把青、龙甜2号、齐甜1号、早香蜜、牙瓜，华北的羊角蜜，浙江的牛角酥、杭州绿皮等。

4. 花皮品种群

果皮具有两种以上的颜色，如浅黄与金黄、白与金黄、浅绿与深绿或墨绿、灰与墨绿等复色的斑点或条带组成多彩的果皮颜色。果形长筒形、高圆、椭圆或梨形等。果肉浅绿、白或橙色。主要品种有江浙一带的芝麻酥，南京的关公脸，东北的八里香，黑龙江的金道子、花老虎，河北的亚洲 2 号、十道黑，内蒙古的小花道，陕西的蛤蟆皮等。

5. 粉质（绵瓜）品种群

该类品种果肉淀粉含量高，成熟时少汁液，甜味淡，质地绵酥。果形有圆筒形、卵圆形等。果皮黄褐或黄绿色，果肉橙黄或白绿色。极不耐贮藏运输。主要品种有华北的老头乐、马蹄黄、老来黄等。

6. 小籽品种群

这类品种种子特别小，形似芝麻。果形卵圆或长圆筒形。果肉绿色、细脆。主要品种有华北的芝麻粒等。

三、栽培季节与茬次安排

薄皮甜瓜对环境适应性强，在我国分布较广，南北方均有栽培。利用地膜加小拱棚双层覆盖的栽培方式，可比露地栽培提早定植 15 ～ 20 天，采收期可比露地提早 20 ～ 30 天。如东北地区可在 3 月上旬播种，4 月中下旬定植，6 月份采收，7 月份拉秧种下茬。如果收二茬、三茬瓜，则采收期可延长 20 ～ 30 天。双膜覆盖综合了地膜覆盖与小拱棚覆盖的双重优点，具有结构简易、成本低、用工少、效益高等特点，因此成为近几年发展较快的茬口。

四、双膜覆盖薄皮甜瓜春早熟栽培技术

（一）品种选择

双膜覆盖栽培宜选择耐湿抗病、适应性广、符合当地消费习惯的早熟品种，如齐甜一号、齐甜二号、龙甜四号、金妃、翠宝、博洋九号等。

（二）育苗

薄皮甜瓜可采用自根苗或嫁接苗，用杂种南瓜作砧木，苗龄约 30 ～ 40 天。幼苗 3 叶 1 心至 4 叶 1 心可定植。定植前加大通风进行低温炼苗。

（三）整地定植

1. 选地整地

薄皮甜瓜忌连作，双膜覆盖栽培，如采用自根苗，必须选择三年内没有种过瓜类蔬菜的地块。有条件的应在冬前进行一次深耕，以利于土壤充分晒垡熟化。开春后结合翻地每亩施入农家肥 3000kg，整平耙细。再按 1.5 ～ 2.0m 的行距开沟，沟内浇足底水，并在沟内集中施肥，每亩条施农家肥 1500kg、过磷酸钙 40kg、尿素 10kg，使粪土充分混合。

2. 做畦覆膜

在施肥沟上方做成上宽 50cm、下宽 60cm、高 15cm 的梯形小高畦，整平畦面后覆地膜，地膜两侧用土封严。也有的地区为方便灌水，将施肥沟回填后仍保留 10cm 深度，覆膜后作

为定植沟。最后在定植垄（沟）上方插好拱架，扣膜烤地。双膜覆盖的大垄不要做得过长，保持 8 ～ 10m 即可，这样通风效果好，垄也比较容易整平，灌水、排水都比较方便。

3. 定植

（1）定植时期　当地日平均气温回升并稳定在 10℃ 左右，且高畦地膜下 10cm 处日平均温度达 18℃ 以上时，可选晴暖无风的天气定植。

（2）定植方式

① 双行栽培。两行瓜苗背靠背方向爬蔓。两行苗的小行距 30cm，大行距 2m，株距 30cm。每亩可栽苗 1500 ～ 1800 株。扣棚后形成宽 70cm、高 40cm 的小拱棚。双行栽培有利于节省架材、扣膜，灌水方便。不足之处是双行瓜苗处于棚两侧，既易被烤伤，又易受外界气候条件影响，如图 4-5 所示。

(a) 高畦　　　　　　　(b) 沟畦

图 4-5　双行栽培定植方式

② 单行栽培。按 30cm 株距将幼苗定植于畦中央，行距 1.5m。爬蔓时可顺着风向朝着一个方向爬蔓，不容易被风吹翻秧。单行栽培的瓜苗定植在畦面中间，相对于双行栽培的空间大，瓜蔓留在小拱棚内的时间也比较长，可以充分发挥小拱棚的增温效果，如图 4-6 所示。

(a) 高畦　　　　　　　(b) 沟畦

图 4-6　单行栽培定植方式

（3）栽植方法　选择晴天上午，将受过低温锻炼的适龄壮苗顺着垄向一侧摆好，之后将小拱棚一侧揭起，按株距在垄上打孔定植。为防地温下降太快，定植时水量不要过大，可采取穴内点水栽苗。定植深度以土坨顶部与畦面相平为宜，周围填入湿土，封严定植口，边定植边扣好小拱棚。

（四）田间管理

1. 幼苗期

定植初期外界温度较低，管理的重点是防寒保温。如遇寒流和大风天气，夜间可在小拱棚两侧压草苫保温防风。缓苗期要紧闭小拱棚，增温保湿促进缓苗。当晴天中午棚温超过 35℃ 时，要适当放风降温，以防烤苗。如定植水不足，可在缓苗后浇少量缓苗水。

2. 伸蔓期

（1）温度管理　白天温度控制在 28 ～ 30℃，夜间最低温度不能低于 10℃。以后随着外界气温的升高可逐渐加大放风量。当地终霜后 10 天左右，外界气温已能满足甜瓜生长发育的需要，可拆除小拱棚，变为地膜覆盖栽培。

（2）水肥管理　伸蔓初期，为促进幼苗生长，可沟灌小水一次。当瓜蔓长至 40cm 左右时应适当控水，进行蹲苗，以促进根系生长。待瓜苗叶片变成深绿色，于晴天上午沟灌一次小水，以保证坐果期对水分的需求。

（3）整枝方法　双膜覆盖栽培的薄皮甜瓜采用匍匐式栽培，生产中多采用三蔓整枝或四蔓整枝。

① 三蔓整枝。三蔓整枝在瓜苗 4 片真叶时摘心定蔓，选留三条健壮子蔓或孙蔓作结果蔓。子蔓留瓜的，可选留子蔓第 2～3 雌花留瓜，瓜前留 3～4 片叶摘心；孙蔓留瓜的，可在每条子蔓 1～3 节选留一条孙蔓，子蔓 7～8 节摘心，孙蔓在瓜前留 1～2 片叶摘心。根据不同品种的结果习性，每条结果蔓选留 1～2 个瓜，每株留 3～4 个瓜。每株保留功能叶片 20 片左右。如图 4-7 所示。

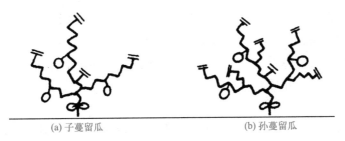

(a) 子蔓留瓜　　　　　　　　(b) 孙蔓留瓜

图 4-7　甜瓜三蔓整枝示意图

② 四蔓整枝。四蔓整枝在瓜苗长到 6 片真叶时主蔓摘心，选留 4 条健壮子蔓作结果蔓，每蔓留 1 个瓜，每株留 4 个瓜。子蔓、孙蔓都可留瓜，坐瓜节位以上留 3 片叶摘心，每株有效叶片数在 18～24 片。四蔓整枝的植株生长旺盛，产量高，一般在肥力比较充足的地块才能满足生长需要。如图 4-8 所示。

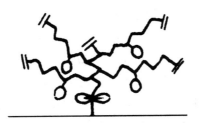

图 4-8　甜瓜四蔓整枝子蔓留瓜示意图

（4）引蔓压蔓　甜瓜在整枝时要配合引蔓，大垄双行栽培的采用背靠背对爬，单垄栽培的采用逐垄顺向爬。引蔓过程中要及时摘掉卷须，并将茎蔓合理布局，防止相互缠绕。甜瓜整枝以植株叶蔓刚好铺满畦面，又能看到稀疏地面为好。坐瓜后幼瓜不外露。为使植株茎蔓均匀地分布在所占的营养面积上，防止风刮乱秧，甜瓜也需压蔓固定。甜瓜压蔓多采用明压，而不采用暗压。

薄皮甜瓜四蔓
整枝孙蔓留瓜

3. 结果期

（1）水肥管理　整个开花、坐果期不要追肥灌水，以控制植株长势，促进坐果。果实膨大期是需水最多的时期，应充分灌水。果实坐住以后，结合灌水适量追肥，每亩追施磷酸二铵 10kg、硫酸钾 15kg。施肥时在畦的两侧过道上打孔追肥或溶于水中随水冲施。后期宜叶面喷肥，每隔 5 天喷一次 0.3% 磷酸二氢钾液，连喷 2 ～ 3 次。膨果结束后直至成熟，要停止肥水供给，防止裂果。

（2）保花保果　双膜覆盖的甜瓜受外界气候条件影响大，尤其是开花授粉时，遇连续阴天多雨，极易落花落蕾。为提高坐果率，可以人工授粉或药剂处理。人工授粉可采集当天开放的雄花，用花药涂抹雌花柱头。也可用毛笔在雌花（结实花）的花蕊上轻轻搅动，使花粉落到本花的柱头上。授粉后，雌花要戴上防水纸帽。药剂处理可用 10 ～ 20mg/L 的氯吡脲，在每天的上午 10 时以前和下午的 3 时以后进行喷花处理。为防止重复喷花，可在药液中加入一定的色素做标记。待果实长有鸡蛋大小时及时疏果，选留具有本品种典型特征、生长势强且色泽鲜亮的幼果为宜，并尽早摘除多余果、畸形果及虫蛀果。

（3）翻瓜、垫瓜　爬地栽培的甜瓜，下雨前或浇水前将瓜拉到垄面的地膜上，防止浸水腐烂。为提高甜瓜的外观商品质量，防止瓜底贴地产生黄褐色斑点，在果实定个后进行垫瓜，需在每个瓜的下面放一个塑料瓜垫或其他软垫。生长后期还应进行翻瓜，使果实糖度均匀、果实表面着色均匀。翻瓜应在下午进行，顺着同一方向每次转动 60°，以免扭伤或折断瓜柄。并将部分暴晒瓜用叶蔓或杂草遮盖果面，防止日灼，降低品质。

（五）采收

薄皮甜瓜一般在雌花开放 25 ～ 30 天后成熟。成熟果实皮色鲜亮、花纹清晰，果柄附近瓜面茸毛脱落，并且散发香气。外销或需要长途运输的品种在果实完全转色前采收，当地鲜销的宜充分成熟时采收。采摘时间以清晨为好，采瓜时注意保留 1 ～ 2cm 长的瓜柄。

第四节　塑料大棚辣椒越夏恋秋栽培

辣椒，茄科辣椒属植物，别名番椒、海椒、秦椒、辣茄。原产于南美洲的热带草原，明朝末年传入我国，至今已有 300 余年的栽培历史。辣椒在我国南北普遍栽培，南方以辣椒为主，北方以甜椒为主。辣椒果实中含有丰富的蛋白质、糖、有机酸、维生素及钙、磷、铁等矿质元素，其中维生素 C 含量极高，胡萝卜素含量也较高；还含有辣椒素，能增进食欲、帮助消化。辣椒的嫩果和老果均可食用，且食法多样，除鲜食外，还可加工成干椒、辣酱、辣椒油和辣椒粉等产品。

一、生物学特性

（一）形态特征

（1）根　辣椒根系分布较浅，初生根垂直向下伸长。经育苗移栽，主根被切断，发生较多侧根，主要根群分布在 10 ～ 20cm 土层中。辣椒的侧根着生在主根两侧，与子叶方向一致，排列整齐，俗称"两撇胡"（图 4-9）。根系发育弱，再生能力差，根量少，茎基部不能发生不定根，栽培中最好护根育苗。根系对氧要求严格，不耐旱，又怕涝，喜疏松肥沃、透气性良好的土壤。

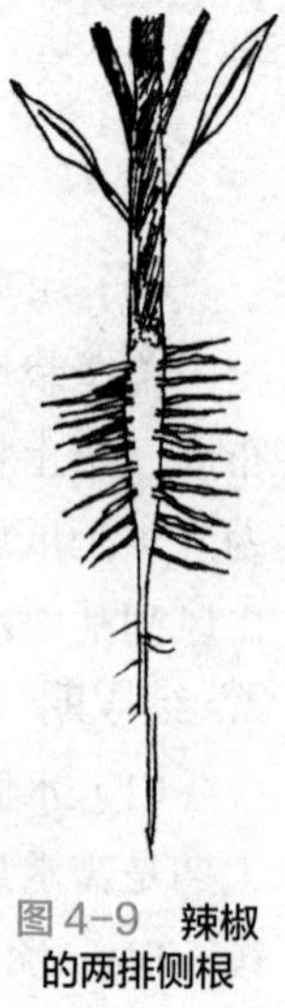

（2）茎　辣椒茎直立生长，腋芽萌发力较弱，株冠较小，适于密植。主

图 4-9　辣椒的两排侧根

茎长到一定节数时顶芽变成花芽，与顶芽相邻的 2～3 个侧芽萌发形成二杈或三杈分枝，分杈处都着生一朵花。主茎基部各节叶腋均可抽生侧枝，但开花结果较晚，应及时摘除，减少养分消耗。在夜温低、生长发育缓慢、幼苗营养状况良好时分化成三杈的居多，反之二杈较多。

辣椒的分枝结果习性很有规律，可分为无限分枝与有限分枝两种类型。无限分枝型植株高大、生长健壮，主茎长到 7～15 片叶时，顶端现蕾，开始分枝，果实着生在分叉处，每个侧枝上又形成花芽和杈状分枝；生长到上层后，受果实生长发育的影响，分枝规律有所改变，或枝条强弱不等，绝大多数品种属此类型。有限分枝型植株矮小，主茎长到一定节位后，顶部发生花簇封顶，植株顶部结出多数果实。花簇下抽生分枝，分枝的叶腋处还可发生副侧枝，在侧枝和副侧枝的顶部仍然形成花簇封顶，但多不结果，以后植株不再分枝生长，各种簇生椒属有限型，多作观赏用。

（3）叶　单叶互生，卵圆形或长卵圆形，全缘，叶端尖，叶片可以食用。

（4）花　完全花，花较小，花冠白色。与茄子类似，营养不良时短柱花增多，落花率增高。辣椒的花芽分化在 4 叶期，因此，育苗时应在 4 叶期以前分苗。辣椒为常自交作物，天然杂交率 10% 左右。

辣椒分枝结果习性

（5）果实　浆果，汁液少，果皮与胎座组织分离，形成较大空腔。果形有灯笼形、方形、羊角形、牛角形、圆锥形等。成熟果实多为红色或黄色，少数为紫色、橙色或咖啡色。五色椒是由于一簇果实的成熟度不同而表现出绿、黄、红、紫等各种颜色。

（6）种子　种子扁平肾形，表面稍皱，浅黄色，有辣味。千粒重 5.0～6.0g。

（二）生长发育周期

1. 发芽期

从种子萌动到子叶展开、真叶显露。适宜条件下需 10～15 天。此期是幼苗由异养到自养的过渡阶段，开始吸收和制造营养物质，生长量比较小。管理上应促进种子迅速发芽出土。

2. 幼苗期

从第 1 片真叶显露到门椒现大蕾为幼苗期。幼苗期的长短因苗期的温度和品种熟性的不同有很大的差别。高温期育苗，辣椒幼苗期一般为 30～50 天；低温期育苗则需 70～80 天。幼苗期又可细分为两个阶段：

（1）基本营养生长阶段　从第 1 片真叶显露到具有 3～4 片真叶为止。这一阶段以根系、茎叶生长为主，是为下一阶段花芽分化奠定营养基础的时期。

（2）花芽分化及发育阶段　辣椒幼苗一般在 3～4 片真叶时开始花芽分化，从花芽分化到开花约需 1 个月时间。此期幼苗根茎叶的生长与花芽分化和发育同时进行。

3. 初花期

从门椒现大蕾到坐果为初花期，需要 20～30 天。此期是辣椒从以根茎叶生长（营养生长）为主向以花果生长（生殖生长）为主过渡的转折时期，也是平衡秧果关系的关键时期，直接关系到产品器官的形成及产量。

4. 结果期

从门椒坐果到拉秧为结果期，一般需 90～120 天不等。此期植株不断分枝、开花、结果，果实先后被采收，是辣椒产量形成的主要阶段。

（三）对环境条件的要求

1. 温度

辣椒对温度要求苛刻，喜温不耐寒，又忌高温暴晒。发芽适温为25℃，高于35℃、低于15℃不易发芽。幼苗对温度要求严格，育苗期间必须满足适宜温度，以日温27～28℃、夜温18～20℃比较适合，对茎叶生长和花芽分化都有利。开花结果期适温为日温25～28℃、夜温15～20℃，温度低于10℃不能开花，已坐住的幼果也不易膨大，还容易出现畸形果。温度低于15℃受精不良，容易落花；温度高于35℃，花器官发育不全或柱头干枯不能受精而落花。温度过高还易诱发病毒病和果实日烧病。土壤温度过高对根系发育不利。

2. 光照

辣椒对光照要求不严格，光饱和点约为30klx，补偿点为1.5klx，与其他果菜类蔬菜相比，属于耐弱光作物。超过光饱和点时，反而会因加强光呼吸而消耗更多养分。所以北方炎夏季节栽培辣椒采取适当的遮光措施能收到较好效果。辣椒对光周期要求不严，光照时间对花芽分化和开花无显著影响，10～12h短日照和适度的光强能促进花芽分化和发育。辣椒种子为嫌光性种子，自然光对发芽有一定的抑制作用，所以催芽宜在黑暗条件下进行。

我的辣椒很怕晒

3. 水分

辣椒既不耐旱也不耐涝，其单株需水量并不太多，但因根系不发达，必须经常供给水分，并保持土壤较好的通透性。在气温和地温适宜的条件下，辣椒花芽分化和坐果对土壤水分的要求，以土壤含水量相当于田间最大持水量的55%最好。干旱易诱发病毒病，淹水数小时，植株就会萎蔫死亡。对空气相对湿度的要求以80%为宜，过湿易引发病害；空气干燥，又严重降低坐果率。

4. 土壤营养

辣椒根系对氧要求严格，因此要求土质疏松、通透性好的土壤，切忌低洼地栽培。对土壤酸碱度要求不严，pH6.2～8.5都能适应。辣椒需肥量大，不耐贫瘠，但耐肥力又较差，因此在温室栽培中，一次性施肥量不宜过多，否则易发生各种生理障碍。特别在施氮肥时要谨防氨气中毒而引起落叶。

二、品种类型

辣椒的栽培种为一年生辣椒，根据果形和大小又分为灯笼椒、长辣椒、簇生椒、圆锥椒和樱桃椒五个变种，其中灯笼椒、长辣椒和簇生椒栽培面积较大。

1. 灯笼椒类

此类辣椒植株粗壮高大，叶片肥厚、椭圆形或卵圆形。花大果大，果基部凹陷，果实呈扁圆形、圆形或圆筒形。果皮有纵沟，嫩果多为绿色，成熟果红色或黄色，味甜，稍辣或不辣。此类辣椒根据果实形状大小不同，又可分为以下三个品种群：

（1）甜椒　果实筒形或钝圆锥形，果面有3～4条纵沟。果肩较大，果肉厚，味甜，辣味少。植株粗壮高大，生长势强，抗病丰产。

（2）大柿子椒　果实扁圆，果面纵沟较多，果肉稍厚或中等，味甜，稍有辣味。植株较高大，生长势强或中等。

（3）小圆椒　果实扁圆，果较小，果皮深绿而有光泽，肉较厚，微辣，适于腌渍。株冠中等，稍开张。

2. 长辣椒类

此类辣椒植株中等而稍开张，果多下垂，长角形，先端尖，常弯曲，辣味强。按形状又可分为以下三个品种群：

（1）牛角椒　果实短角形，肉厚，味辣。

（2）羊角椒　果实细长，长羊角形，先端尖，果肉较厚或稍薄，味辣，坐果多。

（3）线辣椒　果实线形，较长，稍弯曲或果面皱褶，辣味很强，多作干椒用。

3. 簇生椒类

此类辣椒植株低矮丛生，茎叶细小开张，果实簇生而向上直立，可并生 2 ～ 3 个或 10 个，又名朝天椒，果实小圆锥形，肉较薄，辣味极强，多作干椒栽培。

4. 圆锥椒类

叶中等，果小，呈圆锥形或圆筒形，长约 2.5 ～ 5cm，向上直立或斜生，辣味强。

5. 樱桃椒类

果实小，朝天着生，呈樱桃形，有红、黄、紫各色，极辣，可作干椒或观赏用。

 知识链接——科技创新

你知道"工业辣椒"吗？

工业辣椒因辣度极高不能食用，是专门用于工业的辣椒品种。工业辣椒的主要用途包括以下几方面：一是提取辣椒素作生物农药，可以杀死大多数害虫，还能保护生态环境。二是用于作驱避涂料，将辣椒素涂抹在一些森林、高山的电缆和光纤中，驱避动物啃食；或是将辣椒素涂在轮船、水上作业井的四周，防止海洋生物附着。三是提取的辣红素可用作衣服的染色剂或用于制作口红，这种天然色素上色度极高且无辣味。此外，工业辣椒还有制作药品和防暴烟雾弹等用途。

三、栽培季节与茬次安排

北方地区塑料大棚辣椒一大茬栽培，又称越夏恋秋栽培，多于 1 月份育苗，3 月份定植，5 月份开始采收，采收至 7 月下旬后进行剪枝再生，二茬果可一直采收到秋末冬初棚内出现霜冻为止。产品再经过一段时间的贮藏，供应期可大幅度延长。

四、塑料大棚辣椒越夏恋秋栽培技术

（一）品种选择

塑料大棚辣椒一大茬栽培宜选用前期低温条件下生长好，耐热，抗病，早熟性好，植株开展度小，适于密植，生长势中等，果形、果色、辣味等产品特征符合当地消费习惯的辣椒或甜椒品种。尤其要选抗病毒病的品种。灯笼椒优良品种有津椒 5 号、沈椒 6 号、国禧 103、塔兰多、富康等；长辣椒优良品种有中椒 10 号、洛椒 9 号、辽椒 19 号、陇椒 6 号、国福 308 长牛角等；螺丝椒可选西南螺王、陇椒 2 号、首椒 2 号等品种。

（二）培育壮苗

塑料大棚辣椒一大茬栽培植株生长期较长，建议采用小苗定植，防止植株早衰。可选用 128 孔穴盘育 4～5 叶苗，苗龄 50 天左右，苗高 8～10cm、茎粗 2.5～3.0mm 时定植。为防止连作障碍，可采用嫁接育苗。

辣椒劈接

（三）整地定植

1. 整地施肥

定植前 1 个月扣棚暖地，待棚内土壤化透后，在上一年秋翻的基础上平整土地，每亩地施入充分腐熟的优质农家肥 3000kg、过磷酸钙 50kg，充分耕翻，使肥土混合均匀。塑料大棚可将水道设在棚中部，两侧起垄或做畦。也可纵向按大行 60cm、小行 40cm 起垄，小行上覆地膜。根据整地起垄方式开施肥沟，沟内集中施入优质农家肥 2000kg、三元复合肥 25kg，然后在施肥沟上起垄，在定植行上安装软管滴灌设备，然后再覆地膜。

2. 定植

定植前 1 周用杀虫杀菌烟雾剂对大棚进行熏蒸消毒。选择冷尾暖头的晴天上午定植。定植时在垄上按株距 25cm 开穴，逐穴浇定植水，水渗下后摆苗，每穴 1 株。大中棚春茬辣椒，由于环境条件适宜，生长旺盛，植株较高大，宜采用单株定植。每亩栽苗 5000 株左右。定植深度以土坨表面与垄面相平为宜。摆苗时注意使子叶方向（即两排侧根方向）与垄向垂直，这样对根系发育有利。定植当天不封埯，过 3 天左右，表土见干时再封埯。

（四）田间管理

1. 缓苗期

辣椒定植后 1 周内要密闭大棚不通风，棚温维持在 30～35℃，夜间 16～18℃以加速缓苗。缓苗后开始适当通风，棚温降至 28～30℃，高于 30℃时放风降温，低于 25℃缩小通风口，降到 20℃时闭风。夜温不低于 15℃。春季看好天气预报，如寒流来临，应及时加盖二层幕、小拱棚或采取临时加温措施，防止低温冷害。缓苗后要随即追肥浇水，每亩随水追施尿素 5kg，至坐果前控制浇水，进入蹲苗期，促进根系生长。

2. 初花期

进入初花期，白天 20～25℃，夜间 15～17℃。夜间温度不低于 15℃时，应昼夜通风。此期均匀供水，保持地面湿润。门椒坐住后，随水再追尿素 15kg，达到促果又促秧的目的。每 2 周喷施 1 次 0.1% 的硼砂溶液，连喷 2 次。

3. 结果期

（1）温光调节　进入 7 月份以后，把四周棚膜全部揭开，保留棚顶薄膜，并在棚顶内部挂遮阳网或在棚膜上喷遮阳涂料，起到遮阴、降温、防雨的作用。8 月下旬以后，撤掉遮阳网并清洗棚膜，并随着外温的下降逐渐减少通风量。9 月中旬以后，夜间注意保温，白天加强通风。早霜来临期要加强防寒保温，尽量使采收期向后延迟。

（2）水肥管理　结果期必须充足供水，否则会影响产量和质量，一般土壤相对湿度应保持在 80% 左右，以满足果实发育的需要。7 ～ 8 月温度高，浇水要在早、晚进行，以降低地温，控制病毒病发生。另外，利用稻草、麦秸等作物秸秆覆盖畦面，既能降低地温，又能减少水分蒸发，可起到保水保湿和延长植株生育期的作用。

开始结果后，重施挂果肥，当对椒长到果径 2 ～ 3cm 时开始浇水，并结合浇水每亩追三元复合肥 15 ～ 20kg；中后期辣椒进入高温季节，为促进果实迅速生长、膨大，使辣椒顺利越夏，可用 0.2% 磷酸二氢钾加 0.1% ～ 0.2% 尿素作根外追肥。8 月中下旬气温略有下降时重追肥 1 ～ 2 次，促进 9 月上旬第二次挂果高峰的到来，也是辣椒越夏栽培获得丰产的关键。

秋分以后，气温逐渐降低，果实生长速度减慢，注意追施速效肥料，结合浇水追施磷酸二铵或尿素，并注意叶面喷施磷酸二氢钾和微量元素肥料，保证后期果实充分发育长大。盛果期必须充分供水。

（3）植株调整　大棚辣椒宜采用双干整枝。每株选留 2 ～ 3 条主枝，以每平方米留 7 条为宜，门椒花蕾和基部叶片生出的侧芽及早疏去。从第 4 ～ 5 节开始留椒，以主枝结椒为主，及时去掉侧枝，中部侧枝可在留 1 个椒后摘心。每株始终保持有 2 ～ 3 个枝条向上生长。后期植株高大，可用吊绳牵引防倒伏，牵引宜斜向呈 45° 角为好。植株调整要选择晴天进行，有利于伤口愈合，减少病虫害发生和危害。

4. 剪枝再生

7 月下旬，结果部位上升，生长处于缓慢状态，出现歇伏现象，可在四母斗结果部位下端缩剪侧枝。剪枝选择晴天上午进行，以保证伤口当天愈合。剪枝造成较多伤口，容易感染病害，故剪后应及时喷广谱性杀真菌和杀细菌的药剂，防止病害的发生和蔓延。剪枝后立即追肥浇水，促进新枝发生，每亩施有机肥 3000kg、三元复合肥 20kg，促使老株更新复壮。

5. 秋季管理

9 月中下旬，当日均温降至 20℃ 左右时扣棚膜。开始时只扣顶部棚膜，要昼夜通风，防止植株徒长。进入 10 月份，当日均温降至 15℃ 左右时，安装底脚围裙。当老株发出新枝后，选留健壮枝条，使其萌发侧枝，结果前不旱不浇水。进入二茬果结果期，开始追肥灌水，每周再喷一次 0.3% 的磷酸二氢钾溶液。新形成的枝条结果率高，果实大、品质好，采收期延长。

（五）及时采收

及时采收下层充分长大、有商品价值的门椒和对椒，有利于上层幼果的生长和开花坐果，以免赘秧。生长瘦弱的植株更应注意及时采收。根据市场需求和辣椒商品成熟度分批及时采收。采收青椒的基本标准是果皮浅绿并初具光泽，果实不再膨大。辣椒初次采收一般在定植后 30 天左右，采收盛期一般每隔 3 ～ 5 天可采收一次。采收宜在晴天早上进行。以生产干椒为目的，采收的辣椒要充分红熟。一般来讲，从谢花到青熟大约需要 20 ～ 30 天，从青熟到红熟大约需要 20 天，充分红熟的辣椒采用多次采收、分批采收的比一次性采收的产量高。

采收过程中所用工具要清洁、卫生、无污染。采收时用剪刀从果柄与植株连接处剪切，不可用手扭断，以免损伤植株，感染病害。果实采收后轻拿轻放，采后的果实要放到阴凉处，按大小分类包装，贮运过程要防止果实损伤，采后迅速装上冷藏车进入冷库冷却，再及时出售。

知识链接——蔬菜名人

辣椒院士——邹学校

邹学校，1963 年出生于湖南衡阳，著名辣椒育种专家。20 世纪 80 年代开始，邹学校团队先后育成辣椒品种湘研 1—20 号、湘辣 1—4 号，成为那时中国种植面积领先的两大辣椒品种。带领团队在辣椒优异种质资源创制、育种技术创新、新品种培育等方面取得了系列创新性成果。育成了中国系列辣椒品种，建立了辣椒种质资源库，创制了辣椒骨干亲本。创建了国家特色蔬菜产业技术研发中心等 12 个研发平台，创建了中国辣椒协会，创办了《辣椒杂志》，其科技成果推动了中国辣椒产业快速发展，规模由 20 世纪 80 年代的 300 万亩发展到现在的 3000 多万亩。2017 年当选为中国工程院院士。

第五节　日光温室甘蓝早春茬栽培

结球甘蓝，简称甘蓝，别名洋白菜、卷心菜、大头菜、包心菜、圆白菜，十字花科芸薹属二年生草本植物。原产于地中海沿岸，有 4000 多年的栽培历史。结球甘蓝适应性强、产量高、易栽培、营养丰富，世界普遍栽培，基本实现周年供应。

一、生物学特性

（一）形态特征

（1）根　甘蓝的根为须根系，主根基部肥大、不发达，须根发达。其根入土不深，根系主要分布在 60cm 以内的土层中，但以 30cm 的耕作层最为密集。因此，抗旱能力较差，要求比较湿润的栽培环境。根的分枝性和再生能力比较强，主根受伤后，容易发生不定根，移栽后容易发生新根，适于育苗移植栽培。

（2）茎　甘蓝的茎分为短缩茎和花茎。短缩茎在整个营养生长阶段较短，又分内、外短缩茎。内短缩茎着生球叶，外短缩茎着生莲座叶。一般内短缩茎越短，叶球越紧密，品质越好，这是鉴别品种优劣的依据之一。生殖生长阶段抽出直立的主花茎。

（3）叶　甘蓝的叶有明显的"器官异态"现象，不同的生长发育时期，其形态差异很大。子叶 2 枚，肾形对生；基生叶 2 枚，对生，与子叶垂直排列成"十"字形；接着长出的是幼苗叶，卵形或椭圆形，网状叶脉，具有明显叶柄，互生在短缩茎上，一般达 8 片叶时完成幼苗阶段，也称"团棵"；从初生叶长出到球叶出现之前，其叶片呈莲座状，称"莲座叶"，是主要同化器官；其后长出的叶片先端向内弯曲，合抱成叶球，称为"球叶"。球叶多为黄白色。叶球形状因品种而异，有圆球形、牛心尖球形（圆锥形）和扁圆形。花茎上的叶称为茎生叶，互生，叶片较小，先端尖，基部阔，无叶柄或叶柄很短。

（4）花、果实和种子　总状花序，完全花，黄色。异花授粉，虫媒花，整株花期30～40天。长角果，授粉后40天左右种子成熟。种子圆球形，黑褐色或红褐色，千粒重3.3～4.5g。

（二）生长发育周期

结球甘蓝是典型的二年生蔬菜，在适宜的气候条件下，它于第一年进行营养生长，在叶球内贮藏大量的同化产物，经过冬季低温完成春化。至翌年春接受长日照，进行生殖生长，形成生殖器官而开花结实，完成从播种到种子收获的生长发育全过程。生育周期一般分营养生长和生殖生长两个阶段。

1. 营养生长期

（1）发芽期　从播种到第一对基生叶展开，与子叶垂直呈"十"字形为发芽期，也称"拉十字"。

（2）幼苗期　从第一片真叶展开到第一叶环形成达到团棵时为幼苗期。一般早熟品种5片叶，中晚熟品种需8片叶形成第一叶环，幼苗期一般为25～30天。

（3）莲座期　从第二叶环开始生长到形成第二、三叶环，直到开始结球时为莲座期。早熟种需20天左右，晚熟品种需40天左右，中熟品种介于两者之间。

（4）结球期　从开始结球到叶球充实。早熟品种需20～25天，中晚熟品种需30～50天。

（5）休眠期　广东、广西、福建等气候温暖地区可在露地完成休眠，从长江流域到北方，一般要经过90～180天的冬季窖内贮藏，使甘蓝被迫休眠。休眠期感受低温通过春化。

2. 生殖生长期

（1）抽薹期　从种株萌芽到花茎长出，一般需25～40天。

（2）开花期　从始花到整株花落，依品种不同，一般需25～35天。

（3）结荚期　从花落到角果黄熟，需40～50天。

（三）对环境条件的要求

（1）温度　结球甘蓝喜温和冷凉的气候，但对寒冷和高温也有一定的忍耐能力。发芽适温为18～25℃，地温8℃以上才易出苗，适宜条件下2～3天即可出苗。7～25℃适于外叶生长，结球期适温为15～20℃，抽薹开花期适温为20～25℃。甘蓝属绿体春化型蔬菜，早熟品种长到3叶，中晚熟品种长到6叶，接受10℃以下低温通过春化，在2～5℃范围内通过春化最快。通过春化所需的时间为早熟品种30～40天，中熟品种40～60天，晚熟品种60～90天。

（2）光照　结球甘蓝为长日性蔬菜，对光照度要求不高，结球期要求日照较短、光照较弱。所以一般春、秋栽培结球性好。

（3）水分　结球甘蓝喜土壤水分多、空气湿润的环境，不耐旱。在空气相对湿度80%～90%和土壤相对湿度70%～80%中生长良好。

（4）土壤营养　结球甘蓝对土壤的适应性较强，从砂壤土到黏壤土都能种植。以在中性到微酸性（pH5.5～6.5）的土壤中生长良好。结球甘蓝喜肥并耐肥，幼苗及莲座期对氮肥需求较多，莲座期达到高峰；叶球形成期需磷、钾、钙肥较多，缺钙易发生干烧心。

二、品种类型

甘蓝根据叶球形状和颜色不同，可分为普通结球甘蓝、皱叶结球甘蓝、紫叶结球甘蓝、抱子甘蓝和羽衣甘蓝等不同类型。我国以栽培普通结球甘蓝为主。普通结球甘蓝根据叶球形状不同，可分为尖头型、扁球型和圆球型三个基本生态型（图4-10）。

(a) 尖头型　　　　　(b) 圆球型　　　　　(c) 扁球型

图4-10　结球甘蓝的叶球类型

1. 尖头型

叶球牛心形，外叶较直立、开展度较小、深绿色，叶面蜡粉较多。冬性一般较强，不易发生先期抽薹，且较抗寒，但抗病及耐热性差。多为早熟品种，在我国一般作为春季早熟甘蓝栽培。如大牛心、鸡心甘蓝、春丰等。

2. 圆球型

叶球圆球形或近圆球形，多为早熟或中熟品种。叶球紧实，球叶脆嫩，品质较好。冬性较弱，春季栽培易先期抽薹，抗病、耐热、抗寒性均较差，适于我国北方春季早熟栽培。如中甘11号、金早生、迎春、北京早熟、丹京早熟等。

3. 扁球型

也可称平头型。叶球扁圆形，外叶呈团扇形，有短叶柄。冬性介于尖头型和圆头型之间，但也有不少冬性强、抗病性强的品种。我国各地栽培的中熟、晚熟甘蓝，以及夏、秋甘蓝品种多属于此类型。如黑叶小平头、京丰1号、晚丰、苏晨1号等。

三、栽培季节与茬次安排

结球甘蓝适应性强，在北方除了严寒的冬季在设施内栽培，春、夏、秋季均可进行露地栽培；华南地区除最炎热的夏季不能栽培，其他季节均可露地栽培；而在长江流域、西南、黄淮流域一年四季均可栽培。北方地区日光温室春甘蓝一般在11月上中旬播种，1月中旬定植，3月初开始收获，其品质鲜嫩，栽培管理容易，经济效益较高。

四、日光温室结球甘蓝早春茬栽培技术

（一）品种选择

早春甘蓝栽培宜选用抗寒性和冬性均较强的圆头型早熟品种，如金早生、中甘11号、中甘12号、中甘15号、京甘1号、8398、迎春、报春、鲁甘蓝2号等。部分地区根据消费习惯，也可选用尖头型品种。

知识链接——蔬菜名人

最美圆白菜育种者——方智远

　　方智远（1939—2023），湖南衡阳人，蔬菜甘蓝育种专家。曾任中国农业科学院蔬菜花卉研究所所长。20 世纪 60 年代，我国甘蓝基本依赖从国外引种，价格高，质量难以保障。方智远和同事们从零开始，全国搜集甘蓝种质资源，潜心研究，埋头苦干。1973 年利用自交不亲和系育成我国第一个甘蓝杂交种——京丰一号，1979 年突破甘蓝雄性不育系选育与利用技术，实现了规模化制种。先后育成甘蓝品种 30 余个，种植面积高峰时约占全国栽培总面积的 60%，累计种植面积达 1.5 亿亩，使甘蓝成为百姓餐桌上四季常见、质优价廉的蔬菜。1995 年当选中国工程院院士。

（二）育苗

1. 播种育苗

　　甘蓝育苗可选用 128 孔穴盘。基质按草炭∶蛭石＝3∶1 配制，每立方米基质加入三元复合肥 3.0 ～ 3.2kg。经包衣或丸粒化处理的种子可直接播种。未经消毒处理的种子可采用热水消毒处理，即将种子放入网袋中，用 37℃水浴预热 10min，50℃高温消毒 20min，然后立即放入冷水中或用冷水冲淋降温；也可以将种子在室温下用清水浸泡 30min，然后用 5% 次氯酸钠溶液浸泡 10min，清水冲洗干净后在无菌条件下风干，备播。甘蓝类蔬菜种子为圆形，适合机械播种，可采用流水线精量播种，也可采用播种器人工播种。播种深度为 0.5cm。

2. 苗期管理

　　播种后至出苗前，保持床温 22 ～ 25℃，夜间保持 10 ～ 22℃，空气相对湿度 90% 左右，出苗期 2 ～ 3 天，待子叶拱出基质表面后及时运送至苗床见光绿化。子叶展平期 3 ～ 4 天，保持白天床温 20 ～ 25℃，夜间温度 14 ～ 18℃，空气湿度 60% ～ 70%，防止形成高脚苗。真叶开始生长后，苗床白天温度保持在 22 ～ 26℃，夜间温度 15℃左右，喷施营养液 1 ～ 2 次，尽量增加光照。定植前 5 天进行低温炼苗，白天温度 16 ～ 18℃，夜间温度 10 ～ 14℃，苗床加大通风，控制浇水，提高幼苗的适应能力。幼苗 3 片真叶以后严禁长时间 10℃以下低温，以防幼苗通过春化。

（三）整地定植

1. 整地做畦

　　定植前每亩撒施优质有机肥 5000kg，配合施用尿素 20kg、过磷酸钙 50kg、氯化钾 10kg，深耕耙平，做成高 15cm 的垄或小高畦，垄距为 40cm，畦宽 80 ～ 100cm，覆盖地膜以提高地温。

2. 定植

　　10cm 地温稳定在 10℃以上时开穴定植，为缓苗快，起苗时应尽量避免伤根，最好带有土坨移栽。定植时株距 25 ～ 30cm 开穴，打少量底水，水渗后栽苗、盖土，这样地表盖干土，既能保墒又不会因灌水降低地温。垄上栽一行，畦上栽两行，每亩可栽植 5000 ～ 6000 株。

（四）田间管理

1. 缓苗期

缓苗期白天保持 20 ～ 22℃，夜间 12 ～ 15℃，可通过内设小拱棚等措施保温。缓苗后日温降至 15 ～ 20℃，夜温 10 ～ 12℃。定植后 4 ～ 5 天浇缓苗水，水量不宜过大，以后适当控制浇水而蹲苗。

2. 旺盛生长期

（1）温度管理 莲座期后期至结球期（图 4-11），日温 15 ～ 20℃，夜温 8 ～ 10℃。当外界气温稳定在 15℃时可撤去棚膜。

图 4-11　日光温室春甘蓝旺盛生长期

（2）水分管理 莲座期的控制浇水，既要保证有一定的土壤湿度，又要兼顾莲座叶有充分的同化面积。其控制的时间，早熟品种不宜过长，一般以 6 ～ 10 天为宜。结球期球叶生长速度快，需要水分多，根据天气情况水分不可缺少。一般要求地面见干见湿，一直到收获期都应多灌水。

（3）养分管理 结球甘蓝是喜肥耐肥作物，根系分布浅，需肥较多，除施足基肥外，还要追肥 3 ～ 4 次。莲座期结合浇水每亩追施尿素 5kg，同时用 0.2% 的硼砂液叶面喷施 1 ～ 2 次。进入结球期，追肥 2 ～ 3 次。第 1 次追肥在包心前，第 2 次和第 3 次在叶球生长期，每次追硫酸铵 10kg、硫酸钾 10kg，同时用 0.2% 的磷酸二氢钾溶液叶面喷施 1 ～ 2 次。收获前 20 天停止追施速效氮肥。

（五）采收

结球甘蓝采收期并不很严格，叶球坚实而不开裂，达到这一标准就应及时采收。采收太早，叶球不充实，产量低。采收偏晚，裂球较多。

五、甘蓝常见生理障害及其防治

（一）未熟抽薹

1. 症状

也叫先期抽薹，即结球甘蓝在生育过程中由莲座期直接进入抽薹期，而并未形成人们所需要的产品器官——甘蓝叶球，如图4-12。而且这种过程是不可逆的，一旦发生，经常导致大面积绝产绝收。

图 4-12　结球甘蓝未熟抽薹

2. 发生原因

结球甘蓝发生未熟抽薹的直接原因包括品种选择不当，播种过早且苗床温度长时间低于12℃，定植过早且突遇倒春寒等。其根本原因就是当结球甘蓝植株体较大时，遇到了较长时间的低温，满足了结球甘蓝的春化条件，导致结球甘蓝的花芽分化，遇长日照而未熟抽薹。

3. 预防措施

（1）选择适宜品种　春甘蓝多选用早熟品种，早熟品种中一定要选择冬性强、抗抽薹的品种。一般来说尖头型的品种冬性较强，不易抽薹。但如当地消费习惯要求必须选用圆头型的早熟品种，则宜选用中甘 11 号、8398 等冬性相对较强的品种。

（2）适期播种定植　早熟春甘蓝的播种期不可任意提早。育苗时苗床最高气温一般不要超过 15℃，防止幼苗生长过旺。定植前 10 天注意低温炼苗，当 10cm 地温达 10℃时即可定植于露地。在春寒年份还应适当晚定植。

（3）加强田间管理　定植缓苗后，应适当控水蹲苗，促进根系发育；若定植时苗龄偏大，气温偏高，应适当延长蹲苗时间，以控制地上部分的生长，防止再遇倒春寒使幼苗通过春化；后期气温升高后，要加强水肥管理，促其快速结球。

警惕春甘蓝未熟抽薹

（二）裂球

1. 症状

最常见的是叶球顶部开裂，有时侧面也开裂，轻者仅叶球外面几层叶片开裂，重者开裂可深至短缩茎。甘蓝裂球不但影响甘蓝外观质量，降低叶球的商品品质，而且因容易感染病菌而导致腐烂。如图 4-13 所示。

图 4-13　**甘蓝裂球**

2. 发生原因

在叶球形成过程中，遇到高温及水分过多的环境，致使叶球的外部叶片已充分成熟，而内部叶片继续再生长，外部叶片承受不住内部叶片生长的压力而导致叶球开裂。一般甘蓝早中熟品种生长成熟后未及时采收，可导致裂球，晚熟品种不太容易出现裂球现象。甘蓝的不同品种抗裂球的能力不同，不同球型出现裂球现象的概率也不相同，一般尖头型品种不易裂球，平头型品种易裂球。

3. 防止措施

（1）选择不易裂球的品种　在容易出现裂球的栽培茬口，宜选用抗裂球的尖头型品种。

（2）适时定植，及时采收　当甘蓝叶球抱合达到紧实时，要及时采收。尤其是叶球成熟期在雨季时，一定要在叶球抱合达到七八成时就开始采收，陆续上市，防止暴雨过后导致大面积叶球开裂。

（3）加强田间管理　结球期均匀供水，保持土壤湿润，收获前不要水肥过大。

第六节　日光温室西瓜早春茬栽培

一、生物学特性

1. 形态特征

（1）根　深根性作物，在砂质土壤中直播的西瓜，主根可深达 1.0m 以上，侧根的水平分布半径达 1.5m，主要根群分布在地表 30cm 土层内。根系强大，吸收能力强，较耐旱，但不耐涝，即使短时间涝害，根系活动也会受影响。和其他瓜类作物相同的是根系再生能力差，受伤后不易恢复，生产中要进行护根育苗。

（2）茎　茎蔓性，分枝能力强。主蔓各叶腋均能发生侧枝，称为子蔓。从子蔓上再发生的侧枝称为孙蔓。主蔓基部第 3～5 叶腋处形成的子蔓粗壮，可作结果蔓。茎蔓易产生不定根，有吸收水分、养分和固定瓜秧的作用。

（3）叶　叶片掌状深裂，叶面密生茸毛，并有一层蜡质，蒸腾量小。

（4）花　雌雄同株异花，花黄色，子房下位，雌花出现时可看见子房（图 4-14）。西瓜属于半日花，上午开花授粉，下午闭合。每天开花时间受夜间气温支配，气温低开花晚，气温高开花早。一般 8～9 时柱头和花粉生理活动最旺盛，是人工授粉的最佳时期。

图 4-14　西瓜雌花

（5）果实和种子　果实为瓠果，果实的形状、皮色、大小因品种而异。果实由果皮、果肉和种子组成，果肉即通常所说的瓜瓤，含水量较高，是主要的食用部分。如结瓜以后遇干旱，果实中的水分能倒流回茎叶以维持生命。种子扁平，种皮坚硬，种子的大小、色泽因品种而不同。

2. 生长发育周期

（1）发芽期　从种子萌动到子叶展平，第一片真叶显露（露真），适宜条件下需 8～12 天。这一时期主要是胚根、胚轴、子叶生长和真叶开始生长，主要依靠种子内贮存的营养。

（2）幼苗期　从露真到植株具有 5～6 片叶（团棵）为止，适宜条件下需 25～30 天。从外表看，植株生长量小，但内部的叶芽、花芽正在分化。

（3）伸蔓期　从团棵至结瓜部位的雌花开放，适宜条件下需 15～18 天。这一时期植株迅速生长，茎由直立转为匍匐生长，雌花、雄花不断分化、现蕾、开放。

（4）开花结果期　从留瓜节位雌花开放至果实成熟，适宜条件下需 30～40 天。单个果实的发育时期又可细分为以下三个阶段：

① 坐果期。从留瓜节位雌花开放至"退毛"（果实鸡蛋大小，果面茸毛渐稀），需 4 ～ 5 天。此期是进行授粉受精的关键时刻。

② 膨果期。从"退毛"到"定个"（果实大小不再增加）。此期果实迅速生长并已基本长成。瓜的体积和质量已达到收获时的 90% 以上。这一时期是整个生长发育过程中吸肥吸水量最大的时期，也是决定产量的关键时期。

③ 变瓤期。从"定个"到果实成熟，适宜条件下需 7 ～ 10 天。此期果实内部进行各种物质转化，蔗糖和果糖合成加强，果实甜度不断提高。

3. 对环境条件的要求

（1）温度　西瓜为喜温作物，生长发育适宜温度为 20 ～ 30℃。不同生育期对温度的要求各不相同，发芽期 25 ～ 30℃，幼苗期 22 ～ 25℃，伸蔓期 25 ～ 28℃，结果期 30 ～ 35℃。设施栽培，短时间内夜温降到 8℃、日温升到 38℃时，植株仍能正常生长。开花坐果期，温度不得低于 18℃，否则延迟开花，花粉发芽率低，受精不良，易产生畸形瓜。果实膨大期和成熟期以 30℃ 最为理想。果实坐住以后，保持较大的昼夜温差，才能增加果实的含糖量，提高品质。根系生长最适温度为 28 ～ 32℃。

（2）光照　西瓜对光照要求严格，整个生育期都要求充足的光照。其光饱和点为 80.0klx，光补偿点为 4.0klx。光照充足时，植株生长健壮，茎较粗，节间较短，叶片肥厚，叶色浓绿，抗病力增强；阴天多雨、光照不足，则植株易徒长，茎细弱，叶大而薄。苗期光照不足，下胚轴徒长，叶片色淡，根系细弱，定植后缓苗慢、易感病；坐果期光照不足，很难完成授粉受精作用，易化瓜；果实成熟期光照不足，会使采收期延后，含糖量低，品质下降。

（3）水分　西瓜较耐干旱。不同生育期对水分的要求不同，幼苗期生长量小，对水分需要较少；伸蔓以后需要充足水分，以长成较大的植株，为结果打好基础；果实膨大期需水分最多；进入成熟期，水分多则含糖量低，品质下降。西瓜开花期间，空气相对湿度以 50% ～ 60% 为宜，湿度过大影响授粉受精。整个生育期间空气湿度过大，都容易诱发病害。所以，设施栽培中调节土壤水分、控制空气湿度是成功的关键。

（4）土壤营养　西瓜对土壤要求不严格，但以砂壤土为最好，有利于根系发育。适宜土壤 pH 为 5.0 ～ 7.0，能耐轻度盐碱。西瓜需肥量较大，据测试，每生产 1000kg 西瓜需吸收氮 4.6kg、磷 3.4kg、钾 4.0kg。营养生长期吸氮多，钾次之；坐果期和果实生长期吸钾最多，氮次之，增施磷钾肥可提高抗逆性和改善品质。

二、品种类型

西瓜分类尚无统一标准。根据栽培熟性可分为早熟、中熟和晚熟等品种。早熟种从开花到成熟需 26 ～ 30 天，中熟种需 30 ～ 35 天，晚熟种需 35 天以上。按照用途可分为食用类型和籽用类型。根据种子大小，可分为大籽型和小籽型。按西瓜的杂交一代组合，又可分为无籽西瓜（三倍体）和有籽西瓜（二倍体或四倍体）。

三、栽培季节与茬次安排

近年来，利用日光温室、塑料大棚和小拱棚等设施进行西瓜早熟栽培发展势头迅猛，取得了较好的经济效益。北方地区早春很少阴雨，光照充足，特别是 3～5 月环境条件对西瓜生长发育比较适宜。所以日光温室西瓜 2 月中下旬定植，4 月中下旬开始采收，既可获得高产优质，又有较好的销路。

四、日光温室西瓜早春茬栽培技术

（一）品种选择

日光温室早春茬栽培选择品种以优质为主，果实不宜过大，以 3～4kg 为宜，较优良的有京欣 1 号、京抗 1 号、京抗 2 号、京抗 3 号、郑杂 5 号、锦王、甜王等。此外，近几年袖珍型小西瓜的设施栽培面积越来越大，优良品种有红小玉、黄小玉、特小凤、小兰、蜜童、金福等。

（二）嫁接育苗

西瓜枯萎病的病原菌可在土壤中存活 8～10 年，一旦发病，很难用药剂防治。长期以来，露地栽培西瓜都采用 8 年轮作。设施栽培，靠轮作预防枯萎病是不现实的，有效的方法是通过嫁接换根来防治。西瓜嫁接换根多用瓠瓜或葫芦作砧木，既能防治枯萎病，又不影响果实品质和风味。但葫芦砧耐低温性不如南瓜砧，可作西瓜嫁接砧木的南瓜品种有超丰 F1、仁武、勇士、新土佐等。

（三）整地定植

1. 整地施肥做畦

嫁接换根的西瓜根系更为发达，定植前土壤应深翻 40cm，使根系充分生长。按 1.5m 行距开深度、宽度均为 40cm 的施肥沟，表层 20cm 的土放在一侧，底层 20cm 的土放在另一侧。每亩施优质农家肥 2000kg、鸡粪 500kg、过磷酸钙 30kg，分层施入沟中。第一层施完后再把沟底刨松，撒一层表土再施第二层肥，表土填完再分层填入底土。分层施肥时下层少施，上层多施。然后逐沟灌水造底墒，保证定植后水分充足，以减少浇水，避免空气湿度过大。过几天表土见干，按大行距 100cm、小行距 50cm 起垄，垄上覆地膜。

2. 定植

西瓜定植要求 10cm 土温稳定在 14℃ 以上，凌晨气温不低于 10℃，遇到寒流强降温，短时间最低气温也能保持 5℃ 以上才能定植。定植宜在晴天的上午进行，在垄台中央按 45～50cm 株距，用打孔器交错开定植穴。选大小一致的秧苗，脱下容器，放入穴中，埋一部分土，浇足定植水，水量以不溢出穴外为准。水渗下封墩，重新把地膜盖严，用湿土盖上切口。采用双蔓整枝方式，每亩栽苗 1300～1500 株；采用单蔓整枝方式，每亩可栽苗 1500～1800 株。

（四）田间管理

1. 缓苗期和伸蔓期

（1）温光调节　缓苗期间，外界温度仍然很低，有时还会出现灾害性天气，应以保温为主，在高温高湿条件下促进缓苗。定植后密闭不通风，遇寒流天气，凌晨最低气温不能保持在 10℃ 以上时，可扣小拱棚保温。缓苗后开始从温室顶部通风，逐渐把温度降到 22～25℃，夜间最好保持 15℃ 左右。当茎蔓开始伸长时，日温保持 25～30℃，夜温

15℃左右。茎蔓伸长一定程度，把日温降到 20～25℃，前半夜 15℃，后半夜 13℃左右，适当抑制茎叶生长，促进坐瓜，即所谓"蹲瓜"。

西瓜要求较长的日照时间和较高的光照度，一般品种每天都要求有 10～12h 的光照时间。因此，温室早春茬西瓜光照调节的原则是采取各种措施进行增光补光。

（2）水肥管理　西瓜定植缓苗后就进入了抽蔓期，此期是西瓜坐果和果实发育的基础阶段，茎叶充分生长才能结出较大的果实。茎蔓开始迅速生长时，结合浇催蔓水，追一次催蔓肥，每亩追施尿素 10kg。以后直至膨瓜前不再浇水，抑制营养生长，促进生殖生长，进行"蹲瓜"。

（3）吊蔓整枝　西瓜植株团棵以后，不能直立生长，需及时吊绳引蔓。日光温室栽培西瓜采取双蔓整枝较为适宜，除主蔓外，在主蔓基部第 3～5 节选留一条健壮子蔓，其余子蔓全部摘除，这两条蔓基部发生的侧蔓也要摘除。通常将主蔓作为留瓜蔓固定在吊绳上使其直立生长，侧蔓作为营养蔓整齐摆放在两行中间的地膜上（图4-15）。如果授粉后决定保留侧蔓瓜，可交换主侧蔓的位置。这种"一立一卧"式的整枝方式，相比于两条蔓同时吊起的双蔓整枝，更有利于植株间通风透光。也可以只保留主蔓进行单蔓整枝。单蔓整枝果实较小，但上市期早，价位较高的情况下也容易销售。对于果实较小的袖珍礼品西瓜，应采用多蔓多果方式栽培，一般保留主蔓和 3～4 条子蔓，留果时摘除主蔓上第 1 雌花，其余均可保留。

图 4-15　西瓜"一立一卧"式整枝

2. 开花结果期

（1）温度调节　进入结果期后，温度调控尤为重要。西瓜从开花到"退毛"，果实处于细胞分裂增殖期，质量增加较少，温度控制在 25～30℃为宜。西瓜"退毛"后，果实迅速膨大，质量急剧增加，进入膨瓜期，此期最适日温为 30～35℃，夜温为 15～20℃。果实"定个"以后进入变瓤期，此期应给予较大的昼夜温差，以促进糖分的积累，增加果实甜度。

（2）水肥管理　幼瓜"退毛"后，需浇催瓜水、追催瓜肥，一般每亩施发酵饼肥 30～40kg 或三元复合肥 15kg，结合浇水施入，以后可根据植株长势和土壤墒情均匀供水。

果实"定个"后，不再追肥浇水，管理上主要是保护叶片，延长功能叶寿命。此时根系吸收能力减弱，可进行叶面喷肥补充营养。

（3）人工授粉　西瓜无单性结实能力，必须授粉后才能结瓜。露地栽培可靠昆虫传粉。设施内很少有昆虫活动，因此要取得丰产必须进行人工授粉。主蔓第1雌花结果小，还容易出现畸形果，人工辅助授粉宜选用主蔓第2～3朵和侧蔓第1～2朵雌花进行，以便于结瓜后有选择地留瓜。授粉后在果柄处挂上纸牌或不同颜色的毛线，在纸牌上记录授粉时间作为采收标记。

（4）留瓜吊瓜　西瓜进行人工授粉后，在环境条件适宜的情况下，主蔓和侧蔓都能结瓜。双蔓整枝只留一个瓜。当已坐住的两个瓜长到鸡蛋大小时，选留果形端正的一个瓜，把另一个瓜疏掉。留瓜的蔓在瓜前5～7片叶处摘心，不留瓜的蔓作为营养蔓。营养蔓始终不摘心，以制造充足的光合产物供果实生长发育。小果型礼品西瓜则每株留4～5个瓜，坐果节以下子蔓宜尽早摘除。

温室西瓜植株
调整

选留的瓜由于养分集中，生长较快，随着重量的增加，茎蔓不能承担其重量，需要及时吊瓜。西瓜果实膨大快，不能只吊果柄，需要采用细网袋吊瓜或草圈吊瓜（图4-16）。

图4-16　西瓜吊瓜

（五）成熟度鉴别与采收

1. 成熟度鉴别

西瓜是以成熟的果实作为水果食用的，成熟的果实果肉甜而多汁。西瓜采收应在含糖量最高时进行，掌握最佳采收时期的关键是鉴别成熟度。从外部特征来看，成熟的果实，果皮坚硬光滑，脐部和果蒂部位略有收缩，果柄刚毛稀疏不显，果柄附近的几条卷须已经枯萎。另外，根据授粉时标记的日期，计算授粉时间也可以鉴别果实的成熟度。早熟品种一般开花后 30 天左右成熟，可先摘几个品尝，达到成熟度即可把同期授粉的瓜一次采收。

2. 采收

西瓜采收要根据销售和运输情况来决定采收成熟度。当地销售的，采收当天投放市场，必须达到十分成熟，品质好；销往外地的西瓜，经长途运输，短期存放，需在八九分熟时采收。采收西瓜要带果柄剪下，可延长存放时间及通过果柄鉴别新鲜度。当地销售的每个西瓜上带一段瓜蔓和叶片，更能显得新鲜美观。采收最好在早晚进行，避免中午高温时采收。因为高温时采收的瓜温度高，内部呼吸作用强烈，运输途中易发生软腐变质。采收和搬运过程中应轻拿轻放，防止破裂损失。

 复习思考题

1. 马铃薯播种前如何处理种薯？
2. 简述马铃薯结薯期管理技术要点。
3. 种姜如何培育壮芽？
4. 生姜播种后怎样管理才能获得高产？
5. 怎样收种姜、收鲜姜和收嫩姜？
6. 简述双膜覆盖薄皮甜瓜定植技术要点。
7. 绘图说明薄皮甜瓜三蔓整枝和四蔓整枝方法。
8. 薄皮甜瓜结果期如何管理？
9. 越夏恋秋辣椒如何进行整枝和剪枝再生？
10. 简述结球甘蓝常见生理障害的发生原因和预防措施。
11. 日光温室西瓜直立栽培如何进行双蔓整枝？
12. 日光温室早春茬西瓜如何进行留瓜吊瓜？

第五章

设施蔬菜秋冬季栽培

- **目的要求** 了解设施蔬菜秋冬季栽培茬次安排，熟知番茄、芹菜、韭菜、厚皮甜瓜等主栽蔬菜的生物学特性，能独立指导设施蔬菜秋冬季栽培。

- **知识要点** 番茄、芹菜、厚皮甜瓜、韭菜的生物学特性和品种类型；塑料大棚番茄、日光温室芹菜、厚皮甜瓜、韭菜高效栽培关键技术。

- **技能要点** 番茄植株调整；番茄花果管理；芹菜育苗和定植；厚皮甜瓜植物调整；厚皮甜瓜果实管理；韭菜繁殖、田间管理和收获。

- **职业素养** 吃苦耐劳，躬身实践；严谨认真，尊重科学；诚实守信，安全生产；厉行节约，勇于创新。

第一节　塑料大棚番茄秋延后栽培

番茄，别名西红柿、洋柿子，茄科番茄属一年生草本植物，原产于美洲西部的秘鲁和厄瓜多尔的热带高原地区。公元 16 世纪传入欧洲作为观赏栽培，17 世纪才开始食用。17～18 世纪才传入我国。番茄果实柔软多汁、酸甜适口，并且含有丰富的维生素 C 和矿质元素，深受广大消费者的喜爱。1949 年以来，番茄栽培迅速发展，尤其是 20 世纪 60 年代以后，随着设施蔬菜生产的发展，番茄栽培面积不断扩大，现已成为我国主要的栽培蔬菜之一。

一、生物学特性

1. 形态特征

（1）根　根系发达，主根入土达 1.5m，分布半径 1.0～1.3m，主要根群分布在 30cm 土层中。根系的生长特点是一面生长，一面分枝。栽培中采用育苗移栽，伤主根，促进侧根发育，侧根、须根多，苗壮；地上部茎叶生长旺盛的，根系分枝能力强。因此，过度整枝或摘心会影响根群的发育。

（2）茎　茎多为半直立，需搭架栽培。腋芽萌发能力极强，可发生多级侧枝，为减少养分消耗和便于通风透光，应及时整枝打杈，形成一定的株形。茎节上易发生不定根，可通过培土、深栽促使其发不定根，增大吸收面积，还可利用这一特性进行扦插繁殖。

（3）叶　单叶互生，羽状深裂，每叶有小裂片 5 ～ 9 对，叶片和茎上有茸毛及分泌腺，分泌出特殊气味，故虫害较少。

（4）花　完全花，花冠黄色。小花着生于花梗上形成花序。普通番茄为聚伞花序，小型番茄为总状花序（图 5-1）。普通番茄每个花序有小花 4 ～ 10 朵，小型番茄每个花序则着生小花数十朵。小花的花柄和花梗连接处有离层，条件不适时易落花。

(a) 普通番茄的聚伞花序　　　　　　　　　　(b) 小型番茄的总状花序

图 5-1　番茄的花序

（5）果实　多汁浆果，果形有圆形、扁圆形、卵圆形、梨形、长圆形等，颜色有粉红、红、橙黄、黄色等。大型果实 5 ～ 7 个心室，小型果实 2 ～ 3 个心室。

（6）种子　种子比果实成熟早，授粉后 35 天具发芽力，50 ～ 60 天完熟。种子扁平，肾形，银灰色，表面具茸毛。千粒重 3.0 ～ 3.3g，发芽年限 3 ～ 4 年。种子在果实内不发芽是因为果实内有抑制萌发物质。

2. 生长发育周期

（1）发芽期　从种子萌动到第一片真叶显露为发芽期，适宜条件下需 7 ～ 9 天。番茄种子小，营养物质少，发芽后营养物质很快被吸收利用，所以幼苗出土后需保证营养供应。

（2）幼苗期　从第一片真叶显露至第一花序现蕾为幼苗期。此期又可细分为两个阶段：从第一片真叶出现至幼苗具 2 ～ 3 片真叶为营养生长阶段，需 25 ～ 30 天。此期间根系生长快，形成大量侧根。此后进入花芽分化阶段，此时营养生长和生殖生长同时进行。番茄花芽分化的特点是早而快，并具有连续性。每 2 ～ 3 天分化一个花朵，每 10 天左右分化一个花序，第一花序分化未结束时即开始分化第二花序，第一花序现大蕾时，第三花序已分化完毕。花芽分化的早晚、质量和数量与环境条件有关，日温 20 ～ 25℃、夜温 15 ～ 17℃ 条件下，花芽分化节位低、小花多、质量好。

（3）开花着果期 从第一花序现蕾至坐果为开花着果期。这是番茄从以营养生长为主过渡到生殖生长与营养生长并进的时期。该时期正处于大苗定植后的初期阶段，直接关系到早期产量的形成。开花前后对环境条件反应比较敏感，温度低于 15℃ 或高于 35℃ 都不利于花器官的正常发育，易导致落花落果或出现畸形果。

（4）结果期 从第一花序坐果到生产结束为结果期。无限生长型的番茄只要环境条件适宜，结果期可无限延长。该阶段的特点是秧果同步生长，营养生长和生殖生长的矛盾始终存在，既要防止营养生长过剩造成疯秧，又要防止生殖生长过旺而赘秧，主要任务是调节秧果关系。单个果实的发育过程可分为三个时期：

① 坐果期。开花至花后 4 ～ 5 天。子房受精后，果实膨大很慢，生长调节剂处理可缩短这一时期，直接进入膨大期。

② 果实膨大期。花后 4 ～ 5 天至 30 天左右，果实迅速膨大。

③ "定个" 及转色期。花后 30 天至果实成熟。果实膨大速度减慢，花后 40 ～ 50 天，果实开始着色，以后果实几乎不再膨大，主要进行果实内部物质的转化。

3. 对环境条件的要求

（1）温度 番茄是喜温蔬菜，生长发育适宜温度 20 ～ 25℃。温度低于 15℃，植株生长缓慢，不易形成花芽，开花或授粉受精不良，甚至落花。温度低于 10℃，植株生长不良，长时间低于 5℃ 引起低温危害，−1 ～ −2℃ 受冻。番茄生长的温度高限为 33℃，温度达 35℃ 生理失调，叶片停止生长，花器发育受阻。番茄的不同生育时期对温度的要求不同，发芽适温为 28 ～ 30℃；幼苗期适宜温度为日温 20 ～ 25℃，夜温 15 ～ 17℃；开花着果期适宜温度为日温 20 ～ 30℃，夜温 15 ～ 20℃；结果期适宜温度为日温 25 ～ 28℃，夜温 16 ～ 20℃。适宜地温为 20 ～ 22℃。

（2）光照 喜充足阳光，光饱和点 70klx，温室栽培保证 30klx 以上的光照度，才能维持其正常的生长发育。光照不足常引起落花。强光一般不会造成危害，如果伴随高温干旱，则会引起卷叶、坐果率低或果面灼伤。

（3）水分 属半耐旱作物，适宜土壤湿度为田间最大持水量的 60% ～ 80%。在较低空气湿度（相对湿度 45% ～ 50%）下生长良好。空气湿度过高，不仅阻碍正常授粉，还易引发病害。

（4）土壤营养 番茄对土壤条件要求不严，但在土层深厚、排水良好、富含有机质的土壤上种植易获高产。适合微酸性至中性土壤。番茄结果期长、产量高，必须有足够的养分供应。生育前期需要较多的氮、适量的磷和少量的钾，后期需增施磷钾肥，提高植株抗性，尤其是钾肥能改善果实品质。此外，番茄对钙的吸收较多，生长期间缺钙易引发果实生理障碍。

二、品种类型

根据分枝习性可分为有限生长型和无限生长型两种类型。

1. 有限生长型

主茎生长 6～7 片叶后，开始着生第一花序，以后每隔 1～2 片叶形成一个花序。当主茎着生 2～4 个花序后，主茎顶端形成花序，不再发生延续枝，故又称自封顶。

2. 无限生长型

主茎生长 8～10 片叶后着生第一花序，以后每隔 2～3 片叶着生一个花序，条件适宜时可无限着生花序，不断开花结果。

番茄分枝结果
习性

三、栽培季节与茬次安排

塑料大棚番茄秋延后栽培，可于 6 月份播种育苗，7 月份定植，9～11 月采收。

四、塑料大棚番茄秋延后栽培技术

（一）品种选择

根据秋番茄生长期的气候条件，应选择既耐热又耐低温、抗病毒病、丰产、耐贮的中晚熟品种。如毛粉 802、金棚 8 号、中杂 4 号、中蔬 5 号、辽粉 185、圣尼斯的 6232 等。

（二）穴盘育苗

穴盘育苗多采用自根苗。土传病害严重的地区采用嫁接育苗，砧木为抗病性较强的野生番茄品种，嫁接方法采用劈接或套管贴接。

（三）整地定植

大棚秋延后番茄定植时仍处于高温、强光、多雨季节，故要做好遮阴防雨准备。及时修补棚膜破损处，棚顶挂遮阳网或在棚膜上喷遮阳涂料，平时保持棚顶遮阴，四周通风，形成一个凉爽的遮阴棚。定植前清除残株及杂草，每亩撒施优质农家肥 4000～5000kg，沟施过磷酸钙 30kg、磷酸二铵 25kg，深翻细耙。选阴雨天或傍晚温度较低时定植。定植时按行距 50cm 拉线，按株距 33cm 栽苗，每亩保苗 3800 株左右。采用秧苗移栽器定植，可极大提高工作效率。苗栽好后起垄灌大水。

（四）田间管理

1. 缓苗期管理

（1）温光调节　栽培前期尽量加强通风，防止温度过高。如白天温度高于 28℃，向膜上喷遮阳涂料或挂遮阳网。雨天盖严棚膜，防雨淋。

（2）水肥管理　定植水浇足后，及时中耕松土，不旱不浇水，进行蹲苗。前期浇水可在傍晚时进行，有利于加大昼夜温差，防止植株徒长。

（3）抑制徒长　发现植株有徒长现象时，可喷施 1000mg/L 的矮壮素，7 天左右喷 1 次，可有效控制茎叶徒长。

（4）吊蔓　秋番茄前期生长速度快，需及时用尼龙绳、塑料夹吊蔓。

2. 开花结果期管理

（1）温光调节　进入 9 月份以后，随着外界温度降低，应逐渐减少通风量和通风时间，同时撤掉棚顶的遮阳覆盖物，并把棚膜冲洗干净。10 月份以后，关闭风口，注意保温。

番茄移栽器
定植

（2）水肥管理　第一穗果长至核桃大小时，每亩随水冲施磷酸二铵 15kg、硫酸钾 10kg，同时叶面喷施 0.3% 磷酸二氢钾。以后根据植株长势进行追肥灌水，15 天左右追 1 次肥，数量参照第一次。

（3）整枝　大棚秋番茄多采用单干整枝，即主干上留 3 穗果，其余侧枝摘除。第三穗果开花后，花序前留 2 片叶摘心。后期摘除底部老叶和病叶（图 5-2）。生长过程中发现病毒病、晚疫病植株及时拔除。

图 5-2　后期摘除底部叶片

（4）保花保果　推广番茄电动授粉器辅助授粉技术，在番茄开花期对花序柄进行处理，迫使花粉散出，辅助番茄授粉，从而达到提高坐果率的目的。每穗花有 3 朵以上开放时开始振荡，授粉在每天早晨 8 时至 10 时进行；也可用浓度为 25 ～ 50mg/L 的防落素（番茄灵）喷花，要在每穗花开放 2/3 时进行，根据室温配制不同的浓度。

番茄电动授粉器授粉

（5）疏花疏果　为获得高产，并使果实整齐一致，提高商品质量，需要疏花疏果。大果型品种每穗留果 3 ～ 4 个，中果型留 4 ～ 5 个。疏花疏果分两次进行，每一穗花大部分开放时，疏掉畸形花和开放较晚的小花；果实坐住后，再把发育不整齐、形状不标准的果疏掉。

番茄疏花疏果

（五）采收和贮藏

番茄是以成熟果实为产品的蔬菜，果实成熟分为绿熟期、转色期、成熟期和完熟期四个时期。采收后需长途运输 1 ～ 2 天的，可在转色期采收，此期果实大部分呈白绿色，顶部变红，果实坚硬，耐运输，品质较好。采收后就近销售的，可在成熟期采收，此期果实 1/3 变红，果实未软化，营养价值较高，生食最佳，但不耐贮运。

大棚秋番茄果实成熟后及时采收上市，在棚内出现霜冻前一般只能采收成熟果 50% 左右，未成熟的果实在出现冻害前一次采收完毕。未熟果用纸箱装起来，置于 10 ～ 13℃、空气相对湿度 70% ～ 80% 条件下贮藏，5 ～ 7 天翻动一次，挑选红果上市。

五、番茄常见生理障害及其防治

番茄栽培过程中，各种生理障害时有发生，对番茄的产量和品质影响很大，已成为栽培中存在的主要问题之一。

1. 脐腐病

又称蒂腐果、顶腐果，俗称"黑膏药""烂脐"，在番茄上发生较普遍。病果失去商品价值，发病重时损失很大。通常在花后 15 天左右、果实核桃大小时发生，随着果实的膨大病情加重。发病初期，在果实脐部出现暗绿色、水浸状斑点，后病斑扩大、褐色、变硬凹陷。病部后期常因腐生菌着生而出现黑色霉状物或粉红色霉状物。幼果一旦发生脐腐病，往往会提前变红。番茄脐腐果发生的原因目前尚未明确，多数人认为是果实缺钙所致。为防止脐腐病的发生，可采用如下措施：土壤中施入消石灰或过磷酸钙作基肥；追肥时要避免一次性施用氮肥过多而影响钙的吸收；定植后勤中耕，促进根系对钙的吸收；及时疏花疏果，减轻果实间对钙的争夺；坐果后 30 天内，是果实吸收钙的关键时期，此期要保证钙的供应，可叶面喷施 1% 的过磷酸钙或 0.1% 氯化钙，能有效减轻脐腐病的发生。

2. 筋腐病

又称条腐果、带腐果，俗称"黑筋""乌心果"等。筋腐果明显有两种类型：一是褐变型筋腐果。在果实膨大期，果面上出现局部褐变，果面凹凸不平，果肉僵硬，甚至出现坏死斑块。切开果实，可看到果皮内维管束褐色条状坏死，不能食用。二是白变型筋腐果。在绿熟期至转色期发生，外观看果实着色不均，病部有蜡样光泽。切开果实，果肉呈"糠心"状，病果果肉硬化，品质差。番茄筋腐果的病因至今尚有许多不明之处，但普遍认为番茄植株体内糖类不足和碳/氮比值下降，引起代谢失调，致使维管束木质化，是导致褐变型筋腐果的直接原因。而白变型筋腐果主要是由烟草花叶病毒（TMV）侵染所致。生产中可通过选用抗病品种、改善环境条件、提高管理水平、实行配方施肥等方法来防止筋腐病的发生。

3. 空洞果

典型的空洞果往往比正常果大而轻，从外表上看带棱角，酷似八角帽。切开果实后，可以看到果肉与胎座之间缺少充足的胶状物和种子，而存在着明显的空腔。空洞果的形成是由花期授粉受精不良或果实发育期养分不足造成的。生产中选择心室数多的品种，不易产生空洞果；同时生长期间加强肥水管理，使植株营养生长和生殖生长平衡发展；正确使用生长调节剂进行保花保果处理。

4. 裂果

番茄裂果使果实不耐贮运，开裂部位极易被病菌侵染，使果实失去商品价值。根据果实开裂部位和原因可分为放射状开裂、同心圆状开裂和条纹状开裂。主要是因为高温、强光、土壤干旱等使果实生长缓慢，如突然灌大水，果肉细胞还可以吸水膨大，而果皮细胞因老化已失去与果肉同步膨大的能力而开裂。为防止裂果的发生，除选择不易开裂的品种外，管理上应注意均匀供水，避免水分忽干忽湿，特别应防止久旱后过湿。植株调整时，把花序安排在架内侧，靠自身叶片遮光，避免阳光直射果面而造成果皮老化。

5. 畸形果

又称番茄变形果，尤以番茄设施栽培中发生较多。番茄畸形果多由环境条件不适宜而致。出现扁圆果、椭圆果、偏心果、菊形果、双（多）心果等的直接原因是，在花芽分化及花芽发育时肥水过于充足，超过了正常分化与发育所需的数量，致使番茄心室数量增多，而生长又不整齐，从而产生上述畸形果。使用生长调节剂蘸花时，浓度过高易形成尖顶果。为防止畸形果的发生，应加强育苗期的温光水肥管理。特别是在花芽分化期，尤其是第一花序分化期，即发芽后25～30天，2～3片真叶时，要防止温度过高或过低。开花结果期合理施肥，使花器官得到正常生长发育所需营养物质，防止分化出多心皮及形成带状扁形花而发育成畸形果。另外，使用生长调节剂保花保果时，要严格掌握浓度和处理时期。

6. 日烧果

日烧果多在果实膨大期绿果的肩部向阳面出现，果实被灼部呈现大块褪绿变白的病斑，表面有光泽，透明革质状，并出现凹陷。后病部稍变黄，表面有时出现皱纹，干缩变硬，果肉坏死，变成褐色块状。番茄定植过稀、整枝打杈过重、摘叶过多，果实受阳光直射部分果皮温度过高而被灼伤，是造成日烧果的重要原因。天气干旱、土壤缺水或雨后暴晴，都易加重病状。为防止日烧，番茄定植时需合理密植，适时适度地整枝、打杈，果实上方应留有叶片遮光；搭架时，尽量将果穗安排在番茄架的内侧，使果实不受阳光直射。

7. 生理性卷叶

主要表现为番茄小叶纵向上卷曲，严重者整株所有叶片均卷成筒状。卷叶不仅影响蒸腾作用和气体交换，还严重影响着光合作用的正常进行。因此，轻度卷叶会使番茄果实变小，重度卷叶导致坐果率降低，果实畸形，产量锐减。番茄生理性卷叶是植株在干旱缺水条件下，为减少蒸腾面积而引发的一种生理性保护作用。另外，过度整枝也可引起下部叶片大量卷叶。为防止生理性卷叶的发生，生产中应均匀灌水，避免土壤过干过湿；设施栽培中要及时放风，避免温度过高。生理性缺水所致卷叶发生后，及时降温、灌水，短时间就会缓解。同时，注意适时适度整枝打杈。

番茄常见生理
障害

第二节　日光温室芹菜秋冬茬栽培

芹菜，别名旱芹、药芹，伞形科芹属二年生草本植物，原产于地中海地区沿岸的沼泽地区，在我国栽培历史悠久。芹菜以肥嫩的叶柄供食，含芹菜油，具芳香气味，可炒食、生食或做馅，有降压、健脑和清肠的作用。目前，芹菜栽培几乎遍及全国，是较早实现周年生产、均衡供应的蔬菜种类之一。

一、生物学特性

1. 形态特征

（1）根　直根系浅根性蔬菜，大量的根群分布在10cm表层土壤中，吸收面积小，吸收能力弱、不耐旱涝。

（2）茎　营养生长阶段为短缩茎，生长点完成花芽分化后，茎端抽生花茎并发生分枝。

（3）叶　叶为二回奇数羽状复叶，轮生在短缩茎上，由小复叶和叶柄组成。每片小复叶又由 2 ～ 3 对小叶及一个顶端小叶组成。芹菜叶柄发达，挺立，多有棱线，其横切面多为肾形，叶柄基部变为鞘状。如图 5-3 所示。全株叶柄质量占总株质量的 70% ～ 80%。叶柄中有许多维管束，包围在维管束外面的是厚壁细胞，在叶柄内表皮下分布着许多厚角细胞组织。这些厚角、厚壁组织，具有比维管束更强的支持力和拉力，是叶柄中的主要纤维组织。

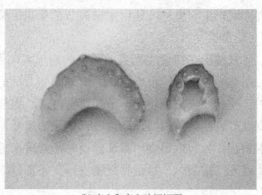

(a) 二回奇数羽状复叶　　　　　　　　　　　　(b) 实心和空心叶柄切面

图 5-3　**芹菜叶片**

（4）花　芹菜为复伞形花序，花朵小、白色，为异花授粉植物，虫媒花。

（5）果实种子　生产上用的种子实际上是果实。果实为双悬果，椭圆形，较小，暗褐色，具浓香，千粒重约为 0.47g。种（果）皮革质化，并含抑制发芽的挥发油，透水性较差，发芽十分缓慢且不整齐。种子一般有 4 ～ 5 个月的休眠期，当年播种的种子一般只有 10% 左右的发芽率，所以生产上都采用上年采收的种子。种子寿命 7 ～ 8 年，使用年限 2 ～ 3 年。

2. 生长发育周期

芹菜整个生育周期可分为营养生长阶段和生殖生长阶段。

（1）营养生长阶段

① 发芽期。种子萌动至第 1 片真叶出现，需 10 ～ 15 天。主要靠种子贮藏的养分生长，且种子小，种皮革质，发芽困难。因此，发芽期需保证适宜的温度、水分、气体等条件。

② 幼苗期。第 1 片真叶出现至 4 ～ 5 片真叶展开，本芹需 40 ～ 50 天，西芹则需要 50 ～ 70 天。此期间应保持土壤湿润，及时除草。

③ 叶丛生长期。4 ～ 5 片真叶展开至心叶展出，需 25 ～ 30 天。是叶片分化、旺盛生长及叶片质量增加的时期。同时，根部发育旺盛。此期间应保持土壤湿润，满足养分供应。

④ 心叶肥大期。心叶大部分展出至收获，适宜条件下需 25 ～ 30 天，冬春季约 50 天。此期叶面积进一步扩大，叶柄迅速伸长。叶柄和主根内贮藏了大量的营养物质，是产量形成的关键时期。

（2）生殖生长阶段　芹菜植株经冬季贮藏后，第二年春季定植，在长日照及 15 ～ 20℃条件下抽薹、开花、结实。

3. 对环境条件的要求

（1）温度　芹菜较耐寒、喜冷凉、怕炎热。种子发芽的最低温度为 4℃，最适温度

15 ～ 20℃。幼苗生长阶段可耐 −5 ～ −4℃的低温。成株期可耐 −10 ～ −7℃的低温。营养生长最适温度为 15 ～ 20℃。春化阶段以 5 ～ 10℃为宜。

（2）光照　植株耐弱光的能力较强，适于密植。光照过强，植株老化。种子在有光条件下容易发芽。属长日照植物，在长日照条件下抽薹开花。

（3）水分　芹菜喜湿润的空气和土壤条件，土壤含水量以 70% ～ 80% 为宜。

（4）土壤营养　适于在有机质丰富、保水保肥力强的土壤中种植。生长初期需磷量较多，后期需钾量较多，但是在整个生长过程中需氮量始终占主要地位。对硼和钙等元素比较敏感。土壤缺硼，植株易发生心腐病，叶柄容易产生裂纹或毛刺，严重时叶柄横裂或劈裂，且表皮粗糙。

二、品种类型

1. 本芹

又称中国芹菜。叶柄细长，高 100cm 左右，香味较浓。根据叶柄内髓腔有无可分为空心芹和实心芹，根据叶柄颜色分为青芹和白芹。代表品种有北京实心芹菜、津南实芹、山东桓台芹菜、开封玻璃脆、贵阳白芹、昆明白芹、广州白芹等。

2. 西芹

又称西洋芹菜，是近年来从欧美引入的芹菜新品种。主要特点是叶柄实心，肥厚爽脆，味淡，纤维少，可生食。株高 60 ～ 80cm，叶柄肥厚而宽扁，宽达 2.4 ～ 3.3cm，耐热性不如本芹。代表品种有荷兰西芹、高犹它、文图拉、意大利冬芹、嫩脆、凯尔文等。在我国南北方地区均可周年生产，尤其适于北方日光温室秋冬茬生产。

三、栽培季节与茬次安排

日光温室秋冬茬栽培，一般于 7 月份播种育苗，9 月下旬开始定植，早霜到来时扣膜，12 月初开始收获。

四、日光温室芹菜秋冬茬栽培技术

（一）品种选择

温室秋冬茬栽培宜选用抗寒、抗病、丰产的优质实心类型品种。本芹可选用津南实芹1 号、棒儿芹、菊花大叶、岚芹、天津马厂芹菜、铁杆芹菜等；西芹可选用意大利冬芹、嫩脆、凯尔文、佛罗里达 638、文图拉等品种。

（二）育苗

1. 育苗设施

秋冬茬芹菜育苗正值高温季节，需要选用能够遮阴避雨和设施环境，能自动调节温湿度的智能温室最为合适。

2. 种子处理

芹菜种子发芽困难，且具有热休眠特性。集约化育苗，通常要对种子进行引发（20% 的 PEG-6000 溶液，15℃环境下静置浸泡 24h）打破休眠，洗净风干后再进行丸粒化处理和机械化播种。人工播种可采用低温处理的方法，先用 48℃ 的热水浸泡种子 30min，起消毒杀菌作用，然后用冷水浸泡种子 24h，再用湿布将种子包好，放在 15 ～ 22℃ 条件下催芽，每天翻动 1 ～ 2 次见光，并用冷水冲洗。本芹经过 6 ～ 8 天，西芹经 7 ～ 12 天，出芽 50% 以上时，即可播种。

3. 播种

采用播种流水线播种，每小时播种 400 ～ 600 盘，可以一次性完成装填基质、压穴、播种、覆土、浇水的全过程。播种深度 0.5cm 左右，每穴播种 2 ～ 3 粒。未经丸粒化处理的种子也可以利用手持吸附式播种器进行人工播种，每穴播种 10 粒左右。催芽的种子则需人工点播。

4. 苗期管理

（1）催芽　干籽播种的穴盘集中放进催芽室，17℃ 左右催芽 5 ～ 7 天。待 60% 以上幼苗出苗后移入绿化室。

（2）水肥管理　芹菜幼苗生长缓慢，一般日历苗龄 50 ～ 80 天，生理苗龄 4 ～ 6 片叶。育苗期间的水分控制一般以小水勤浇为原则，避免长期水量过大，保持土壤湿润即可。出齐苗后根据幼苗生长情况叶面追施 0.1% ～ 0.3% 的氮磷钾水溶肥（N-P-K 为 20-20-20）。

（3）间苗和分苗　出苗 15 天进行第一次间苗，25 天定苗，每穴 1 株。对于生长不整齐的苗盘，可在 2 片叶左右时分苗。将大小一致的幼苗调到同一个穴盘里，把穴盘苗分成 2 ～ 3 个大小级别，分开管理。

（4）平茬　采用自动化流水线播种的穴盘苗未经过分苗过程，易出现幼苗瘦弱、根系不发达的情况，可在幼苗 5 ～ 6cm 高时用剪刀剪去上部叶片，只留基质上方 1cm 左右的心部继续生长，这种方法可促进根系发育。

一般本芹苗龄 40 ～ 50 天，西芹的苗龄为 50 ～ 60 天，幼苗长至 10 ～ 12cm 时，具 5 片叶时即可定植。

芹菜播种

（三）整地定植

1. 整地做畦

按每亩施用优质农家肥 5000kg、过磷酸钙 25kg、草木灰 100kg、尿素 10kg 作基肥。深翻 30cm，使肥土充分混合，耙平耙细后按 1.0 ～ 1.2m 做成南北向畦。

2. 定植

起苗前苗床浇透水，连根起苗，主根留 4cm 剪断，以促发侧根。把苗按大小分级，分畦栽植。栽苗时，本芹按 10cm×20cm 开沟或挖穴，单株定植，每亩栽苗 3 万株。西芹按照株行距 30cm×50cm，单株栽植，每亩栽苗 4500 株。栽时要掌握深浅适宜，以"浅不露根，深不淤心"为度。栽完苗后立即浇 1 次大水。

（四）田间管理

1. 扣膜前管理

（1）缓苗期　温室秋冬茬芹菜定植以后，气温较高，光照充足，土壤蒸发量也较大。在定植后 2 ～ 3 天，应再浇两次缓苗水，同时把土淤住的苗子扒出扶起，促进缓苗和新根发生。

（2）叶丛生长期　当芹菜心叶发绿时，表明缓苗已经结束，要适当控水，并进行细致松土，保墒蹲苗 7 ～ 10 天。

（3）心叶肥大期　当心叶大部分展开时，要结束蹲苗。以后保持土壤见干见湿，可 4 ～ 6 天浇 1 次水，灌水后要及时松土保墒。

2. 扣棚膜

温室秋冬茬芹菜缓苗后，气温逐渐下降。各地可根据气候特点，分别选择适宜的扣膜时间。一般初霜前后，日温降到 10℃左右、夜温低于 5℃时，将温室前屋面扣上塑料薄膜。

3. 扣膜后的管理

（1）温光管理　扣棚初期，光照充足，气温较高，要注意及时通风，日温控制在 18～22℃，夜温 13～15℃，促进地上部及地下部同时迅速生长。防止芹菜黄叶和徒长。随外界温度下降逐渐减少放风，并根据天气加盖保温被、纸被等保温覆盖物。严寒冬季 2～3 天通 1 次风，夜间温度要保持在 5℃以上，确保芹菜不受冻。

（2）水分管理　芹菜扣膜后，进入旺盛生长阶段，应加强水肥管理，促进其生长。要经常注意观察土壤表面变化和地上部叶片颜色的变化，出现干旱要及时浇水，使土壤始终保持湿润，以保证根系正常吸水，促进地上部分的生长。

（3）施肥　在内层叶开始旺盛生长时，应追肥 2～3 次，每次每亩追施饼肥 100kg 或尿素 10kg、硫酸钾 15kg。本芹掰收后 1 周之内不浇水，以利伤口愈合。以后心叶开始生长、伤口已经愈合时，再进行施肥灌水。收获前 30 天禁止施用速效氮肥，以免叶柄中硝酸盐含量超标。

（五）采收

本芹可在叶柄高 50～60cm 时开始掰收。分次掰收，一般每隔 1 个月掰收 1 次。每次收获 1～3 片，留 2～3 片。如果一株上摘掉的叶片太多，则复原慢，影响生长。整个冬季，一般每株可连续收 3～5 次，采收期达 100 天左右。为食用鲜嫩芹菜，也可在植株 30～40cm 高时，一次性采收芹菜大苗。

西芹一般在植株高度达 70cm 左右、单株重 1kg 以上时一次性收获。一般已长成的西芹收获不可过晚，否则，养分易向根部输送，造成产量、品质下降。

第三节　日光温室厚皮甜瓜秋冬茬栽培

厚皮甜瓜又叫西方甜瓜、哈密瓜、洋香瓜，是甜瓜的一个变种，起源于非洲、中亚（包括我国新疆）等大陆性气候地区，生长发育要求温暖、干燥、昼夜温差大、日照充足等条件。厚皮甜瓜果实大，产量高，一般单瓜重 1～3kg，最大可达 10kg 以上，品质优良，含糖量 10%～15%，甚至超过 20%，风味美，香气浓郁，果皮较韧，耐贮运。厚皮甜瓜含有多种人体所需的营养成分和有益物质，如大量的蔗糖、果糖、葡萄糖，丰富的维生素 C、有机酸、氨基酸以及钙、磷、铁等矿质元素，且具有特殊的诱人芳香，是世界十大水果之一。我国新疆的哈密瓜、兰州的白兰瓜、内蒙古的河套蜜瓜等都是厚皮甜瓜的珍品。随着设施栽培技术的日臻完善，厚皮甜瓜已在全国各地大规模种植，并形成产业。

一、生物学特性

1. 形态特征

（1）根　厚皮甜瓜根系发达，分布深而广，主根入土可达 1.5m，侧根横展半径可达

2m。但主要根系集中分布在 30cm 土壤中，13cm 处侧根分布最多，根系生长快且易木栓化，伤根后再生能力弱，新根发生困难，因此育苗移栽不宜过晚，最好采用护根育苗。

（2）茎　茎蔓性，中空有棱，可爬地栽培，也可吊蔓栽培，分枝性强，每节都能发生侧枝。

（3）叶　子叶较大，长圆形，真叶为单叶互生，圆或肾形，有角、全缘或 5 裂。

（4）花　厚皮甜瓜为雄花与雌花（完全花）同株异花。雄花多单生，开放早，雌花自花授粉或异花授粉均能结实，又称结实花（图 5-4）。雌花着生的习性因品种而异，极早熟品种主蔓即可结果，但多数品种以子蔓、孙蔓结果为主，孙蔓上第一朵雌花大多在孙蔓第一叶节上。厚皮甜瓜花的开放时间主要取决于温度，一天中当早晨田间气温 20℃左右即开始开放。

图 5-4　厚皮甜瓜的结实花

（5）果实　果实为瓠果，侧膜胎座，3 ～ 5 个心室。果实由花托和子房共同发育而成，可食部分为中、内果皮，果实的形状、大小、颜色、质地、含糖量、风味等特征因品种不同而多种多样，各具特色。果实外观形态有圆球形、椭圆形和橄榄形；皮色有白皮、黄皮和网纹；果肉有白色、绿色和橙色；肉质有脆、软、粉等类型。

（6）种子　种子扁平，披针形、长卵圆形，黄、灰白、褐或红色。厚皮甜瓜种子千粒重27 ～ 80g。种子寿命通常条件下 4 ～ 5 年，干燥冷凉条件下可达 15 年以上。

2. 生长发育周期

厚皮甜瓜整个生育期可分划为发芽期、幼苗期、伸蔓期和结果期四个时期。

（1）发芽期　从种子萌动到第一片真叶显露（破心）为发芽期，适宜条件下需 10 天左右。

（2）幼苗期　从第一片真叶显露到第五片真叶出现为幼苗期，需 25 天左右。

（3）伸蔓期　从第五片真叶出现到留瓜节位雌花开放为伸蔓期，需 20 ～ 25 天。

（4）结果期　第一雌花开放到果实成熟为结果期。结果期长短与品种熟性有关。早熟品种 30 ～ 40 天，中熟品种 40 ～ 50 天，晚熟品种需 50 天以上。结果期还可分为以下三个时期。

① 结果初期。从雌花开放到果实开始迅速膨大，适宜条件下需 7 天左右。

② 结果中期。从果实开始迅速膨大到果实基本停止膨大，早熟品种需 20 ～ 25 天，中晚熟品种需 30 ～ 35 天。

③ 结果后期。从果实基本停止膨大到果实成熟，一般需 10 天左右。

3. 对环境条件的要求

（1）温度　厚皮甜瓜属喜温性作物，要求较高的温度。其种子发芽最适宜温度为 28 ～ 32℃，最高温度为 35℃，最低温度为 16 ～ 18℃。根系伸长的最低温度为 8℃，最适宜温度为 23 ～ 28℃，最高温度为 35℃，根毛发生的最低温度为 14℃。只有地下 15cm 处土温保持 18℃ 以上，植株才能正常生长结果。植株生长发育的温度为 22 ～ 32℃，最适生育温度为 25 ～ 28℃。厚皮甜瓜对低温很敏感，日温在 18℃ 以下、夜温在 12℃ 以下时发育迟缓，10℃ 以下停止生长，低于 5℃ 时发生冻害。对高温的适应力很强，气温在 35℃ 时生育情况仍然良好，甚至在 40℃ 高温下，仍然有较强的光合作用，短时间可耐 45 ～ 50℃ 高温。昼夜温差大，有利于果实发育及糖分的转化积累。昼夜温差在 11 ～ 20℃ 时，糖分的积累和转化快，利于提高品质。

（2）光照　厚皮甜瓜是喜光性作物，光饱和点为 55klx，光补偿点为 4klx，在生育过程中光照不足，再遇高温，则易发生茎蔓徒长和落花落果。正常发育要求每天 10 ～ 12h 光照。光照充足时，植株生长健壮，节间短，叶色深，茎粗叶肥，且病害少，果实品质好；在阴天及光照不足时，则茎蔓细长，叶薄色浅，易徒长，糖分积累少，果实品质差。

（3）水分　厚皮甜瓜为耐旱作物，有较高的叶片渗透压。喜较低的空气湿度，以相对湿度 50% ～ 60% 为宜。发芽期、幼苗期、伸蔓期及果实膨大期均需要较充足的水分，而果实成熟期则需控制水分，水分多、湿度大时，果实糖分难以提高，严重影响品质。厚皮甜瓜根系好氧性强，不耐土壤高湿和低温。

（4）土壤营养　喜土层深厚、有机质含量高、通气性良好的壤土或砂质壤土。土壤 pH 6 ～ 7 为宜。每生产 1000kg 果实约需纯氮（N）2.5 ～ 3.5kg，五氧化二磷（P_2O_5）1.3 ～ 1.7kg，氧化钾（K_2O）4.4 ～ 6.8kg。生产上增施有机肥、钾肥和多施含磷、钾丰富的饼肥，有利于提高厚皮甜瓜的品质。施肥时应注意氮、磷、钾三要素的全面施用和合理搭配。切忌过多施用氮肥，忌用含氯离子的肥料，如氯化钾、氯化铵等不宜施用。

二、品种类型

依品种熟性，可分为早熟品种、中晚熟品种和晚熟品种三类；根据果面有否网纹可分为网纹甜瓜和光皮甜瓜两类；根据果实皮色可分为白皮品种、黄皮品种、绿皮品种和花皮品种四类；根据果肉色泽可分为白肉品种、绿肉品种和红肉品种（含橘黄肉）三类；根据果肉质地则又能分为脆肉型、软肉型和粉质型三类。下面根据品种生育期和农业生物学特性，将厚皮甜瓜品种分为四个品种群：

1. 温室小型品种群

果实小型，单瓜重 1.0kg 左右，球形或近球形，早熟或早中熟，抗病耐湿，较耐弱光，低温下茎伸长和坐果能力较好。肉质细软，极甜，不耐贮运，适宜在设施内种植。代表品种有郑甜一号、玉金香、伊丽莎白和西薄洛托等。

2. 瓜蛋品种群

果实中小型，单瓜重 1.5kg 左右，球形或高球形，果皮黄或黄绿色，早熟，肉质软，不耐运输，汁多、香气浓。适应性较强，是适宜露地种植的厚皮甜瓜，亦可进行简易保护栽培。代表品种有新疆的黄蛋子、黄醉仙、早黄蜜，甘肃的铁蛋子，内蒙古的河套蜜瓜，黑龙江的大庆蜜瓜等。

3. 白兰瓜品种群

果实中到大型，单瓜重 1.5 ～ 3.0kg，果皮乳白或金黄色，果实球形或短椭球形，果面光滑或具稀疏网纹，果肉绿色或淡橙色，汁液丰富，早熟或中熟，耐贮运，品质优。代表品种有小暑红肉白兰瓜、小暑绿瓤白兰瓜，大暑白兰瓜、黄河蜜、甘露等。

4. 哈密瓜品种群

包括早、中、晚熟三个类型。早熟品种果实中等大小，单瓜重 1.5 ～ 2.0kg，果肉橘红色，肉质脆甜，品质优，不耐贮运，代表品种有南疆的纳希甘、北疆的白皮脆、吐鲁番的米籽瓜、兰州的甘蜜宝等。中熟品种果实中到大型，单瓜重 1.5 ～ 3.0kg，可短期贮藏，全生育期 90 ～ 120 天，代表品种有网纹香、红心脆、含笑、皇后、新皇后、新密杂 7 号等。晚熟品种群果实大型，单瓜重 5.0 ～ 7.0kg，生育期长，高产，耐贮运，代表品种有炮台红、青麻皮、哈密加格达、黑眉毛密极甘、伽师瓜等。

知识链接——蔬菜名人

甜瓜奶奶——吴明珠

吴明珠，1930 年出生于湖北省武汉市，著名西甜瓜育种专家，新疆甜瓜品质改良的创始人和奠基者。20 世纪 50 年代开始进行新疆甜瓜地方品种资源的收集和整理，挽救了一批濒临绝迹的资源。吴明珠一心扎根天山脚下，培育出西瓜、哈密瓜优良品种 40 多个，成为中国主要商品瓜基地的主栽品种，并同时出口东南亚、北美、欧洲和中东等市场，为社会创造经济效益数十亿元。同时，吴明珠选育的甜瓜西瓜亲本材料，无偿提供给全国从事瓜类育种的同行，育出各种类型的甜瓜、西瓜新品种，为行业的进步做出巨大贡献，她这种无私的精神赢得了科技界广泛赞誉。20 世纪 90 年代她又建立起特有的脆肉型甜瓜无土栽培体系，将哈密瓜南移或东进至内地种植，填补了中国国内哈密瓜无土栽培的空白。1999 年当选为中国工程院院士。

三、栽培季节与茬次安排

日光温室厚皮甜瓜秋冬茬栽培一般在 7 ～ 8 月播种育苗，11 月中旬开始收获。由于厚皮甜瓜比较耐贮藏，果实可贮至元旦春节期间上市，经济效益较好。

四、日光温室厚皮甜瓜秋冬茬栽培技术

（一）品种选择

日光温室秋冬茬栽培厚皮甜瓜，生育前期炎热多雨，生育后期温度偏低且日照时间减

少，应选用抗病力强、生育后期较耐低温和弱光、品质和耐贮性好的品种，如伊丽莎白、鲁厚甜二号等。

（二）嫁接育苗

设施栽培厚皮甜瓜多采用嫁接育苗，多选用与甜瓜亲和性强的抗病白籽南瓜，如南砧3号、全能铁甲、德高铁柱等。嫁接育苗可显著提高甜瓜植株的抗病性和抗逆性，对甜瓜果实品质亦无影响。

（三）整地定植

1. 整地做畦

定植前10天整地施肥，每亩施用腐熟优质农家肥4000～5000kg、过磷酸钙50kg、氮磷钾复合肥25kg。按小行距60～70cm、大行距80～90cm的行距起垄。

2. 定植

定植最好安排在晴天的下午或阴天进行。秋冬茬甜瓜栽培宜稀不宜密，否则田间湿度增加，病害难以控制。一般早熟品种每亩栽苗2000株左右，最多不超过2200株；晚熟品种一般1800株左右，以不超过2000株为最好。栽植深度以埋没基质块为宜，边栽边逐穴浇足稳苗水。定植结束后打开滴灌带数小时，使土壤充分湿润。并盖地膜保墒，防止水分蒸发。

（四）田间管理

1. 伸蔓期

（1）棚温管理　定植后维持棚温30℃左右，夜间17～20℃，以利于缓苗。开花坐瓜前，白天棚温25～28℃，夜间15～18℃，气温超过30℃时要揭开薄膜通风。

（2）水肥管理　定植后至伸蔓前，瓜苗需水量少，地面蒸发量小，因此应控制浇水，水分过多会影响地温的升高和幼苗生长。到伸蔓期，可追施一次速效氮肥，适当配施磷、钾肥，可每亩施磷酸二铵15kg、硫酸钾5kg，施肥后随即浇水。

（3）整枝吊蔓　厚皮甜瓜栽培应严格进行整枝，单蔓或双蔓整枝，吊秧栽培。瓜蔓可用尼龙绳或麻绳牵引，将茎蔓缠在绳上或用吊蔓夹固定在绳上，并及时除掉其余的侧蔓。多数品种采用单蔓整枝，即在主蔓12节以下的子蔓全部及时摘除，保留第12～15节的子蔓为结果枝，对有雌花的子蔓留2片叶摘心，无雌花子蔓及时抹掉。主蔓在25～30节摘心，及早摘除各个叶腋长出的子蔓、下部老叶、病叶等，带出棚外及时处理。

小果型品种可采用双蔓整枝，即定植缓苗后，4～5片叶时将主蔓摘心，促发子蔓。选留两条长势相当的子蔓引上吊绳，去掉其他子蔓。此后，子蔓上长出的孙蔓上均有雌花或两性花。在每个子蔓的第12～14节留瓜，为确保坐果，可连续授粉3～4节位。待坐瓜后，留1～2片叶摘心，其余孙蔓全部摘除，此时若基部老叶已变黄或有病斑，可将其摘除，以利通风透光。如图5-5所示。

2. 结果期

（1）保花保果　在预留节位的雌花开放时，于上午8～10时前取当日开放的雄花，去掉花瓣，用雄花的花粉在雌蕊的柱头上轻轻涂抹。有条件的可在温室内放一箱蜜蜂或熊蜂，通过蜂授粉来提高坐果率。

厚皮甜瓜植株调整

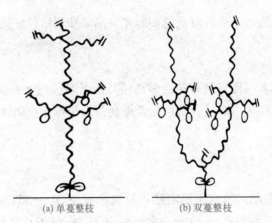

(a) 单蔓整枝   (b) 双蔓整枝

图 5-5　厚皮甜瓜整枝方式

　　甜瓜的授粉期如果赶上阴天，或前半夜夜温低于 15℃，常常会造成授粉受精不良。在这种情况下要用生长调节剂喷花或涂抹果柄，常用生长调节剂有氯吡脲、防落素。由于不同厂家生产的浓度不同，应严格按说明书使用，不可随意加大浓度，更不能重复处理，否则易产生畸形瓜。处理温度应保持在 22～25℃，当中午棚温超过 30℃时，就应该停止药剂处理。

　　（2）温度管理　开花坐果期的最适温度为 25℃左右，高于 35℃和低于 15℃都影响甜瓜的坐果率。坐瓜后，白天气温要求 28～32℃，不超过 35℃，夜间 15～18℃，保持 13℃以上的昼夜温差，同时要求光照充足，以利于果实的膨大和糖分的积累。

　　（3）选瓜留瓜　当幼瓜长至鸡蛋大小时为留瓜适宜时期。大、中型果品种，一般单株留瓜 1 个；小型果品种，每株可留 2 个瓜。底肥充足、植株生长势强、密度稀的宜每株留 2 个瓜；底肥不足、生长势较弱、栽培密度较大的每株只留 1 个瓜。应选择果实颜色鲜嫩、果形端正、两端略长、果脐小、果柄较长而粗壮的幼瓜留下，未被选中的多余幼瓜全部摘除。如果子蔓、孙蔓的瓜大小相近，则留孙蔓上的瓜更能高产。双蔓或多蔓整枝留瓜数超过 1 个时，尽可能在不同子蔓相同节位留瓜。单蔓整枝的若 1 株要留 2 个瓜，应留在主蔓上相近的两个节位的侧蔓，而且两侧蔓应位于主蔓左右两侧，这样可防止留的瓜长成一大一小。选留幼瓜应分次进行，在选留瓜前几天，要进行 1～2 次疏瓜，把相对不够好的幼瓜及早疏去，以减少消耗植株养分，促进选留幼瓜生长发育。

　　（4）水肥管理　进入膨瓜期，每亩追施磷酸二铵 15kg、硫酸钾 10kg，随水冲施。此肥水后，隔 7～10 天再浇一次大水，至采收前 10～15 天不再浇水。双层留瓜时，在上层瓜膨大期再追施第三次肥料，每亩施入硫酸钾 15～20kg、磷酸二铵 10～15kg。可在生育后期喷施 0.2%～0.3% 磷酸二氢钾叶面肥。

　　（5）吊瓜　当甜瓜长到 250g 左右，应及时吊瓜。吊瓜时先在瓜上套上一个塑料网兜，再用吊绳系在套瓜的网兜上，把套着的瓜吊在棚架上。或用塑料绳直接拴于果柄近果实部，将瓜吊起，吊绳另一头拴在顺行铁丝上。用塑料绳吊瓜时，应用活扣拴果柄，如图 5-6 所示。吊瓜的高矮应尽量一致，以便于管理。吊瓜可以防止果实长大后赘秧，也可使植株茎叶与果实在空间合理分布，使果面受光多、颜色均匀一致。

　　（6）果实套袋　为了避免栽培过程中果面粗糙、出现病虫害斑点、药物残留、机械损伤等，在甜瓜膨大到一定程度时，选用白色或无色薄膜袋、木浆纸袋、硫酸纸袋、双层纸袋，每天上午露水干后进行套袋。套袋前喷施百菌清、多菌灵等广谱性杀菌剂预防病害。收获前3～5天去掉套袋，以促进干物质和糖充分转化，提高商品价值。黄色果皮、白色果皮适合套袋，网纹类型品种不适合。

图5-6　厚皮甜瓜吊瓜

（五）及时采收

1. 成熟度鉴别

授粉时果柄上系彩色毛线或小吊牌，标明日期，根据生长季节的气候条件和品种的生育期判断果实的成熟度。

2. 采收

采摘时留"T"形瓜蔓。秋延迟甜瓜可适时晚收，推迟上市时间，以提高种植效益。瓜采后应在温度较低、背阴、通风、干燥的地方存放。作为高档水果出售的厚皮甜瓜产品要求严格，应在果形、果色、新鲜度、病虫害和机械伤等外观质量符合要求的基础上，再根据果实大小和糖分含量分为若干级。分级后的甜瓜用泡沫网套包装单个果实，然后放入硬质纸箱中，同时瓜箱上开孔通气，以降低瓜箱内湿度。

第四节　日光温室韭菜秋冬茬栽培

韭菜，百合科葱属多年生草本植物，又称草钟乳、扁菜、洗肠草、长生草、起阳草、壮阳草等。以叶片和韭菜薹为主要食用部分，韭菜花和韭菜根经加工也能食用。韭菜的营养价值很高，除了含有维生素C、维生素B_1、维生素B_2、烟酸、胡萝卜素、糖类及矿质元素物质，还含有挥发性的硫化丙烯，因此具有辛辣味，能增进食欲。韭菜除食用外，还有良好的药用价值，能活血散瘀、理气降逆、温肾壮阳，韭汁对痢疾杆菌、伤寒杆菌、大肠杆菌、葡萄球菌均有抑制作用，是一种食药兼用的保健蔬菜。

知识链接——文化传承

古籍中的"韭菜"

　　韭菜原产于中国。《诗经》中有"献羔祭韭"的诗句，由此可证明韭菜在我国已有3000年以上的栽培历史。韭菜在古代一度是非常重要的祭祀用菜，《史记》《资治通鉴》《清史稿礼志》等书中均有记载。为什么要用韭菜进行祭祀呢？这是因为韭菜具有"剪而复生"的特点，预示着"生生不息"，用其进行祭祀有乞求保佑祖孙代代昌盛的意思。《说文解字》中记载："韭，菜名，一种而久者，故谓之韭"。

一、生物学特性

（一）形态特征

　　（1）根　韭菜的根为弦状须根，根毛较少，着生于盘状茎的周围。其根系分布深，寿命长，吸收能力强，还具有贮藏功能。韭菜是多年生作物，新发生的分蘖高于原有植株，生根的位置不断上移，逐渐接近地面，俗称"跳根"。

　　（2）茎　韭菜茎分为茎盘、根茎和花茎。茎盘是由一、二年生的茎短缩呈盘状而得名（图5-7）；根茎的形成是随着植株的生长，根茎不断地向地表延伸，形成根状的杈状分枝。根茎的生活年限为2～3年，老根茎会逐渐腐烂解体。花茎是随着生殖生长，顶芽变成花芽，抽出花薹，花茎顶端着生伞形花序而开花结实。

图5-7　**韭菜植株**
1—叶片；2—叶鞘；3—茎盘（韭葫芦）；4—新根；5—老根

（3）叶 韭菜叶由叶片和叶鞘组成，簇生于根茎顶端，叶片为带状，扁平实心。叶片是光合作用器官，叶片生长到最大限度，品质最佳时作为商品收割。叶鞘筒状，层层抱合，俗称"韭白"或"假茎"。假茎内部叶鞘呈白色，最外层叶鞘颜色因品种、光照条件而不同。假茎横断面的形状有圆形和扁圆形，面积大小随品种和栽培密度、水肥条件而有差异。

（4）花 着生于花茎顶端，未开放前由总苞包裹，内含小花 20～50 朵，开花后形成伞状花序，异花授粉，两性虫媒花，雄蕊 6 枚，子房上位。花苞有绿色、浅红色，花色有白、灰白和粉红。一株的开花期较长，所以种子的成熟度不整齐。

（5）果实 果实为蒴果，三棱形，3 室，每室 2 粒种子，可成熟 1～3 粒。果实成熟时开裂，种子散落，采收种子必须及时。

（6）种子 种子扁平盾形，黑色，千粒重 3～5g，种子表面皱纹多少和深浅略有不同。韭菜种子的寿命较短，秋天采收的种子，第二年发芽率较高，第三年发芽率极低。新种子颜色漆黑，有光泽，发亮，种子脐部有小点；陈种子颜色黯淡发乌，无光泽，脐部呈黄褐色。

（二）生长发育周期

韭菜是一次播种多年收割的蔬菜。在冬季气温达 5℃ 以上的地区，可以周年生产，四季常青；气温低于 5℃，甚至 0℃ 以下的地区，以休眠状态度过低温时期。休眠后重新萌发。韭菜的生育周期可分为营养生长阶段和生殖生长阶段。当年播种的韭菜，一般只有营养生长阶段，而无生殖生长阶段。两年以上的韭菜，两个阶段交替进行。

1. 营养生长阶段

（1）发芽期 从种子萌动到第一片真叶显露为发芽期，韭菜种子出苗为"弓形出土"，一般需 10～15 天，温度低时间延长。

（2）幼苗期 从第一片真叶露出到 5～7 片叶，具有分株能力的时期为幼苗期，需 60～80 天。第四片叶前应促进幼苗迅速生长。第四片叶以后要控水蹲苗，促进根系发育，控制地上部分生长。5～7 片叶即为成苗。

（3）分蘖生长期 分蘖是韭菜一个很重要的生育特性，也是韭菜更新复壮的主要方式。分蘖属于营养生长范畴。首先在靠近生长点上位叶腋处形成蘖芽，分蘖初期，蘖芽和原有植株被包在同一叶鞘中；后来分蘖由于增粗，胀破叶鞘而发育成新的植株（图 5-8）。春播一年生韭菜，植株长出 5～6 片叶时便可发生分蘖，以后逐年进行。每年分蘖 1～3 次，以春秋两季为主。每次分蘖以 2 株最多，也有一次分 1 株或 3 株的。分蘖达一定密度，株数不再增加，甚至逐渐减少，因密度大，营养不良，逐年死掉。到一定株龄以后，植株的新生和死亡达到动态平衡。分蘖的多少与品种、株龄、植株的营养状况和管理水平有关。叶片稍窄的品种分蘖能力强，若正处于播后 2～4 年的壮龄期，密度适宜，肥水供应充足，病虫危害少，收获次数适宜，则分蘖多。

图 5-8 韭菜的分蘖
1—同一叶鞘中包被的两个分蘖；2—新分蘖

（4）休眠期 韭菜不同品种休眠方式也不同，一般分为以下三种休眠方式：

韭菜的分蘖与
跳根

① 根茎休眠。当气温下降至 –7 ~ –5℃时，地上部分全部干枯，就进入了休眠状态。到第二年春天，气温回升，土壤化冻，解除休眠，重新萌发生长。这种休眠方式又称为深休眠。

② 假茎休眠。植株生长期间，当日平均温度降到 7 ~ 10℃时，生长趋于停滞状态，并有少量叶片干枯，整株表现青绿，收割后经过整理仍有商品价值。

③ 整株休眠。在休眠时茎叶不干枯，养分也留在植株体内的各部分，只是在遇到低温时，生长暂时有所停滞或减缓，再遇到适宜温度便很快恢复生长。假茎休眠和整株休眠统称为浅休眠。

2. 生殖生长阶段

韭菜是绿体春化型作物，需要在有一定生长量的基础上，经低温和长日照后在夏季才能进行花芽分化。因此，北方地区 4 月份播种的韭菜，当年很少抽薹开花，直到翌年 5 月分化花芽，7 ~ 8 月抽薹开花，9 月种子成熟。第二年之后，只要满足低温和长日照条件，每年均能抽薹开花。

（三）对环境条件的要求

（1）温度　韭菜在 7 ~ 30℃范围内均能生长，适宜温度为 13 ~ 20℃。在露地条件下，气温超过 24℃，生长缓慢，尤其在高温强光下，叶片的纤维素增多，叶片粗糙，品质变劣，甚至不堪食用。不同阶段对温度的要求也不同，发芽的最低温度为 2 ~ 3℃，20℃左右发芽最快；幼苗出土适温为 13 ~ 20℃；地下鳞茎、根茎中贮存的养分在 3 ~ 5℃时即可运转供给叶片生长，所以春天萌发较早。

（2）光照　不同时期光照要求不相同，在养根、抽薹、开花阶段需要光照充足，但作为商品生产，光照过强则品质下降。韭菜的花芽分化，必须经过低温长日照的诱导，否则不能抽薹开花。

（3）湿度　韭菜耐旱，幼苗期水多容易徒长，干旱影响根系发育。土壤相对含水量 70% ~ 80% 为宜，在叶片旺盛生长期 80% ~ 90% 为宜。

（4）土壤营养　韭菜对土壤适应能力较强，以壤土和砂壤土为宜。韭菜喜肥、耐肥。生产上应施足有机肥，营养生长盛期要加强追肥，整个生育期对肥料的需求以氮肥为主，适量配合磷、钾肥。

二、品种类型

我国韭菜品种资源十分丰富，按食用部分可分为根韭、叶韭、花韭、叶花兼用韭四种类型。

1. 根韭

根韭主要分布在我国云南、贵州、四川、西藏等地，又名茎韭、宽叶韭、大叶韭、山韭菜、鸡脚韭菜等。主要食用根和花薹。根系粗壮，肉质化，有辛香味，可加工腌渍或煮食。花薹肥嫩，可炒食，嫩叶也可食用。根韭以无性繁殖为主，分蘖力强，生长势旺，易栽培。以秋季刨收为主。

2. 叶韭

叶韭的叶片宽厚、柔嫩，抽薹率低，虽然在生殖生长阶段也能抽薹供食，但主要以叶片、叶鞘供食用。我国各地普遍栽培。软化栽培时主要利用此类。

3. 花韭

花韭专以收获韭菜花薹部分供食。它的叶片短小，质地粗硬，分蘖力强，抽薹率高。花薹高而粗，品质脆嫩，形似蒜薹。我国甘肃兰州、台湾栽培较多。近年来，山东等地也有零星引种栽培。

4. 叶花兼用韭

叶花兼用韭的叶片、花薹发育良好，均可食用。目前国内栽培的韭菜品种多数为这一类型。该类型也可用于软化栽培。

在生产中，按韭菜叶片的宽度可分为宽叶韭和窄叶韭两类。宽叶韭叶片宽厚，叶鞘粗壮，品质柔嫩，香味稍淡，易倒伏，适于设施栽培或软化栽培。窄叶韭叶片窄长，叶色较深，叶鞘细高，纤维含量稍多，直立性强，不易倒伏，适于露地栽培。

 知识链接——文化传承

南海子"五色韭"

"五色韭"是北京市大兴区瀛海镇知名的农特产品。最早于清末年间产于南海子瀛海庄的同心庄。其栽培过程经过闷白、捂黄、出绿、晒红、冻紫等过程，从根到梢颜色依次为白、黄、绿、红、紫五种颜色，故称"五色韭"。其清香脆嫩、营养丰富，具有纤维少、香味浓、口味佳的特点，李瑞义在《五色韭赋》形容其"闷白如玉，捂黄似金，出绿赛青，晒红近赤，冻紫胜黛。闻香飘然欲醉，观色渺渺若仙。看形亭亭玉立，尝味馨馨缠绵"。作为菜中极品，曾作为宫廷供韭，供王公贵族享用。

然而，由于种植难度大、产量低，以及经济效益和时代发展的要求，五色韭的种植逐渐减少，传统栽培技术也逐渐失传。直到2019年冬天，瀛海镇刘德才终于培育出了失传已久的五色韭，成为五色韭种植技术第四代传承人。

2022年，瀛海五色韭被评定为大兴区非物质文化遗产。

三、栽培季节与茬次安排

韭菜日光温室秋冬茬栽培，如选用深休眠品种，需待其地上茎叶干枯后，清茬扣膜生产，收割4～5刀后撤膜转入露地养根，为下年度生产打下基础；如利用浅休眠韭菜品种，在当地严霜到来之前收割一刀，直接转入温室生产，一个月收一刀，连收4～5刀，可满足北方地区秋末初冬市场对鲜韭的需求。

四、日光温室韭菜秋冬茬栽培技术

（一）品种选择

日光温室秋冬茬栽培应选择叶片宽厚、叶色浓绿、叶丛直立、休眠期短、商品性好、生长较快、抗病性强的品种。根茎休眠的北方品种有汉中冬韭、大金钩韭、豫韭菜1号、津韭1号、平韭2号等。

整株休眠或假茎休眠的南方品种有杭州雪韭、四川犀浦韭、河南791、平研1号、宇韭8号、赛青、韭宝F1、平丰6号、寒松等。

（二）露地养根

1. 整地施肥

头年秋季前茬作物收获后，深耕晒土，每亩施优质腐熟农家肥8000kg以上、过磷酸钙100kg、磷酸二铵25kg，灌足底水。

2. 播种育苗

韭菜播种可以直播，也可以育苗移栽，以直播为主。当年播种，当年扣棚，当年收割，均为夏秋养根，冬春覆盖生产，1～3年后可换根重种。一般在4月下旬播种，每亩用种量4～5kg，种子发芽率低时，应相应增加播种量。直播者播于温室内，育苗移栽者播于露地育苗田。

3. 浸种催芽

由于韭菜种子小，种皮坚硬，吸水困难，种子要用上年收获的新种，播前4～5天进行浸种催芽。先在40℃温水中浸泡，除去浮在上面的秕籽，然后浸泡24h。取出放在干净瓦盆中，盖上湿纱布，放在15～20℃的地方催芽。每天用清水洗一次，当70%种子露白，即可播种。如在夏秋播种，由于温度高，韭菜多采用干籽直播。

4. 播种

韭菜播种分为条播和撒播，育苗多用平畦撒播或条播；直播时多采用宽幅沟条播，即做好畦内开沟，沟深6～7cm，沟底宽10～15cm，沟距25cm。不论是育苗还是直播，凡是经催芽的种子，必须采取湿播法，即先起出畦内部分表土，准备播后覆土，然后整平畦面或开沟，顺畦或顺沟灌足底水，水渗后播种，上覆1～1.5cm厚细土。为了防止土壤板结，也可以采用两次覆土的方法，在第一次覆土返潮后，再进行第二次覆土，以利保墒。不经催芽的种子可采取干播法，即整平畦面或开沟后，先播种，覆土踩实后浇水。出苗前，根据墒情浇1～3次小水，保持畦面湿润，以利出苗。

5. 苗期管理

（1）浇水　韭菜出苗以后，秧苗生长很缓慢，需水量不大。因此，应少浇水、轻浇水，防止苗子生长过嫩。出苗前2～3天浇一次水，苗齐后5～6天浇一次水。当株高达到13～16cm以后，减少浇水，防止倒伏烂苗。

（2）施肥　当苗子长到13～16cm高时，每亩可追施尿素5～8kg，或稀薄豆饼水500～750kg，追肥后浇水。

（3）除草　韭菜出土慢，而杂草生长速度快。因此，除草是韭菜苗期管理的一项重要工作，应掌握除小、除早、连续除、彻底除的原则，出苗前可浅锄。

6. 整地定植

（1）定植时期　韭菜的定植时期应根据播种期和菜苗大小确定。春播的夏秋定植，苗龄60～90天，苗高18～22cm，6片叶子左右。夏秋播种的第二年春季定植，苗龄约270～290天。秋天定植不能过晚，应保证在休眠以前有两个月的生长期，以便植株能积累一定的养分和安全过冬。

（2）整地施肥　利用温室生产韭菜，在定植时应注意将苗子定植在事先规划好的场地里。定植前应先施肥做畦，一般掌握每亩施腐熟粪肥 6000kg 以上，肥土混匀后，整平畦面，准备定植。

（3）定植方法　韭菜可平畦栽，也可沟栽，定植的株行距有宽行大撮和窄行小撮。宽行大撮栽培的行距 30～35cm，撮距 15～20cm，每撮 30 多株，适于生产软化韭菜。窄行小撮的行距 13～17cm，撮距 10～13cm，每撮 10～15 株，适于生产青韭。定植时，为了便于定植和减少水分蒸发，可将苗留根长 6～10cm，留叶长 10cm，将其余的根叶剪掉；按行距开沟，沟深 10～13cm，将每撮根茎对齐，按撮距埋入沟内，一般以叶鞘部分埋入土中为宜，过深影响分蘖，过浅容易散撮。栽后立即浇水，以利成活。

7. 田间管理

（1）定植初期　韭菜在定植 2～3 天后，应及时浇一次缓苗水，待表土稍干连续中耕 2～3 次，蹲苗保墒。约经半个月，秧苗开始生长，结合浇水，每亩可随水追施尿素 10kg。幼苗期保持表土见干见湿，3 片叶时浇一次大水，并结合间苗或补苗。表土干湿适宜时及时松土。如土壤肥力不足，叶色浅绿，长势弱，可以结合灌水每亩追磷酸二铵 10kg。

（2）越夏期

① 除草。夏季高温多雨，有利杂草滋生，影响韭菜生长，应及时进行人工除草。

② 摘花薹。由于韭菜开花结实时大量消耗养分，影响植株生长、分蘖和营养物质的积累，从而影响产量。因此，花薹应在幼嫩时及时摘除，以利植株培养。

③ 防病治虫。韭菜在夏季高温的情况下，尤其是大雨之后再遇烈日暴晒，在接近地面处易发生高温伤害，严重时全株枯死。因此，夏季要注意排水防涝，暴雨之后用井水浅灌，降低地温并摘除地面黄叶，使行间通风良好，减轻危害。6～7 月，可采用"日晒高温覆膜"法防治韭蛆。具体做法是提前 1 天割去韭菜地上部分，选择晴天上午在韭菜根茬上覆盖透明薄膜，四周压严。当膜下 5cm 土温达到 40℃并持续超过 3h，即可杀死根际的韭蛆，防效明显。进入雨季后要注意排水，一般不追肥，根据墒情适度浇水，及时清除杂草，防止株丛倒伏和腐烂。

④ 防倒伏。夏季天气炎热多雨，二年生以上的韭菜，夏季如不割，株高叶茂易倒伏，严重影响通风透光，易发病。在与韭菜垄垂直的方向，距畦面高度 30～35cm，按照垄的长度平均拉三道铁丝，再在韭菜垄的两侧顺菜垄向分别搭架一根与垄的长度一致的竹竿，并加以固定，将韭菜叶片支撑在两根竹竿中间，避免叶片倒伏腐烂，如图 5-9 所示。

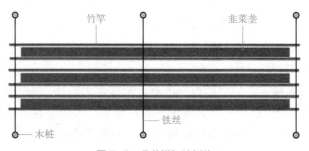

图 5-9　**韭菜搭架防倒伏**

（3）秋季管理　入秋以后，气温开始逐渐下降，昼夜温差加大，光照充足，温度适宜，是韭菜生长的最佳时期，应加强肥水管理。当平均气温降到25℃左右时，每亩追磷酸二铵20kg，有条件的也可追施200kg饼或2000kg腐熟有机肥，追肥后每7天左右灌一次水。当平均气温降至18～20℃时，结合灌水再追一次速效肥料。以后气温下降，为防止贪青，应适当控制灌水，促使营养向根运输。地表即将封冻时要及时灌封冻水，最好结合追腐熟有机肥或复合肥，灌水量不可过大或过小。

（三）扣膜及扣膜后管理

1. 扣膜前的准备

根茎休眠韭菜的扣棚适期是在当地初霜后、最低气温降至-5℃以前。在秋末韭菜休眠前，首先将日光温室骨架建造好。韭菜回根后，其地上部已全部枯萎，要及时清理枯叶，进行扒土晒根，即将畦内行间起土2～3cm，露出根茎，然后剪除枯叶，晒根3～5天，可打破休眠，使出苗整齐，还可冻死部分韭蛆。经3～5天后，灌药治韭蛆。然后再向行间施肥，每亩施入腐熟干鸡粪1000kg（即"蒙头肥"），填土与韭墩齐平，随即浇水。等土沉实后再上一次细土，埋住韭墩。

对河南791等无休眠期的或休眠期短的品种，在叶子枯萎前后均可扣膜。也可提前10天左右先割一刀韭菜，再行扣膜。过早扣膜，生长迅速，产量高，易早衰，经济效益低；扣得晚会使韭菜转入被动休眠，导致扣棚后生长缓慢。

2. 扣膜后的管理

（1）生长前期　扣膜后温度升高，土壤很快化冻，要及时清除枯叶、松土露出鳞茎晒根。韭菜萌发后耧平畦面，在萌发阶段密闭温室不放风，尽量提高温度，最高可达30℃；出土后及时放风，降低室温，最高室温不超过23℃。一般室温白天维持在18～22℃，夜间低温8～12℃。

温室韭菜的生长，主要依靠露地育苗期间积累的养分以及扣棚前浇水追肥土壤中积存的水分和养分进行生长，一般不再大量追肥灌水。

（2）生长中后期

① 温度管理。每次收割后，为加速韭菜萌发生长，室温应提高，可达30℃左右。收割前室温应适当降低，促叶片生长健壮。为调节供应期，如想加快韭菜生产速度，可将夜间温度提高到15℃左右；如想控制收割前的生长速度，可将夜温降至8℃左右。在低温季节，日光温室应以保温为主，一般不通风，保温被要晚揭早盖。春节过后气温回升而此时温度不稳定，室内温度变化剧烈，既要注意防寒，又要防止高温危害。当室温达25℃时要及时放风，应先放顶风，逐渐加大放风口，严禁冷风直接吹入室内危害韭菜。

② 水肥管理。如收割1～2刀韭菜后，出现生长缓慢、叶色发黄等缺肥水现象，应适时追肥和浇水。一般每亩追尿素10kg左右。追肥浇水后，注意及时中耕和放风排湿，降低室内湿度，防止病害的发生。

③ 培土。韭菜根系每年都要"跳根"上移，形成肥大的根茎——韭葫芦。根节越肥大，所贮存的养分就越多，所以第二年韭菜发根早、产量高。因此，对韭菜进行培土培肥，可以促进韭菜新根的生长发育，延长韭菜植株寿命。每刀韭菜株高达10cm左右时，在韭菜行间培土，以优质的堆肥为好，也可用砂壤土或旧育苗床土，可以起到对韭菜进行追肥的作用。

培土厚度随跳根高度而定，每次培土厚度1～2cm，以不超过叶子分叉处为宜。共培土2～3次，最后培成高约5～6cm的小垄。培土的好处一是软化假茎优化品质；二是利于沟灌，水不泄漏；三是防叶片下披，保护直立生长，防止倒伏；四是可使叶丛聚于垄中，有利于通风透光，提高地温，减少病害，使植株健壮，收割方便。

（四）收割

第一刀韭菜的收割期由品种、根株的强弱、温室性能及当年气候情况来决定。如温室保温性能好，根株壮、休眠期较短的韭菜品种，一般在温室扣膜后30～35天即可收割第一刀，以后根据生长情况及市场需求进行收割。根据韭菜地上与地下养分运转关系，收割时两刀之间间隔时间应以1个月左右为宜，植株达到4～5个叶片时是最佳收割期。若收割间隔期太短，会使韭菜长势衰退，造成减产，严重时会死亡。温室韭菜最多可割4～5刀，对即将淘汰换根的韭菜，可多割1～2刀。

收割宜在早晚进行，以早晨揭保温被前收割最好，韭菜鲜嫩，不萎蔫，包装后不易发热变黄。收割时要用锋利韭镰平茬收割，留茬过低，影响下茬的长势和产量；留茬过高，降低当茬的产量。一般头刀距鳞茎4～5cm处下刀，割茬呈黄白色为宜，呈绿白色则太浅，呈白色则太深，如带上马蹄状就可能伤到了韭根。以后每刀抬高1cm，最后一次收割，因割完刨除韭根，可尽量深割。

（五）多年生韭菜的管理

温室韭菜收割结束后，4月中旬可揭膜转入露地管理，继续培养根株。4～6月结合浇水追肥2次，每亩施尿素或磷酸二铵20kg。夏季还可采收韭薹，但不宜收割青韭。特别要重视秋季养根，为翌年覆盖生产打好基础。一般连续生产3年左右就需换根。

 复习思考题

1. 根据分枝结果习性，番茄可分为哪两种类型？各有何特点？
2. 塑料大棚秋延后番茄，定植后如何进行温光水肥管理？
3. 塑料大棚番茄怎样进行植株调整？
4. 塑料大棚秋延后番茄怎样进行花果管理？
5. 番茄设施栽培易发生哪些生理障害？如何防止？
6. 简述日光温室秋冬茬芹菜定植技术要点。
7. 比较西芹和本芹采收方法的异同。
8. 绘图并说明日光温室厚皮甜瓜单蔓整枝和双蔓整枝。
9. 简述日光温室秋冬茬厚皮甜瓜结果期管理技术要点。
10. 简述露地养根韭菜越夏期管理技术要点。
11. 简述日光温室秋冬茬韭菜扣棚后管理技术要点。

第六章

设施蔬菜冬春季栽培

- **目的要求**　了解设施蔬菜冬春季栽培茬次安排，熟知黄瓜、茄子、西葫芦、菜豆等主栽蔬菜的生物学特性，能独立指导设施蔬菜冬春季栽培。

- **知识要点**　黄瓜、茄子、西葫芦、菜豆的生物学特性和品种类型；日光温室黄瓜、茄子、西葫芦、菜豆越冬茬栽培关键技术。

- **技能要点**　日光温室越冬茬黄瓜整地定植、整枝落蔓和田间管理；日光温室越冬茬茄子植株调整和花果管理；日光温室西葫芦保花保果；日光温室冬春茬菜豆植株调整和花果管理。

- **职业素养**　吃苦耐劳，躬身实践；严谨认真，传承文化；团结协作，责任担当；诚实守信，安全生产；厉行节约，勇于创新。

第一节　日光温室黄瓜越冬茬栽培

黄瓜，别名胡瓜、王瓜，葫芦科黄瓜属一年生草本蔓生植物。原产于喜马拉雅山南麓的热带雨林地区。其果实含有丰富的胡萝卜素、维生素 C 及其他对人体有益的矿质元素。黄瓜适宜鲜食、凉拌，也可炒菜、做泡菜等。黄瓜一年内可以多茬栽培，供应时间长，是北方寒冷地区设施越冬种植最主要的蔬菜之一。

一、生物学特性

1. 形态特征

（1）根　根系分布浅，根量少，大部分根群分布在 20cm 土层内。根系呼吸能力强，故栽培上要选择透气性良好的壤土或砂壤土。根系木栓化程度高，再生能力差，伤根后不易恢复，育苗时必须采取护根措施。茎基部近地面处有形成不定根的能力，不定根有助于黄瓜吸收肥水。如图 6-1 所示。

图 6-1　黄瓜茎基部发生不定根

（2）茎　茎蔓生，中空，含水量高，易折断（裂）。6～7 片叶后，不能直立生长，需搭架或吊蔓栽培。茎为无限生长，叶腋间有分生侧蔓的能力，打顶破坏主蔓的顶端优势后，主蔓上的侧蔓由下而上依次发生。

（3）叶　子叶对生，长椭圆形。真叶呈掌状五角形，互生，叶表面有刺毛和气孔。叶面积大，蒸腾能力强。叶腋间着生的卷须是黄瓜的变态器官，具有攀缘作用。

（4）花　多为单性花，生产上最常见的为雌雄同株异花的株型，植株上只有雌花而无雄花的为雌性型。一般雄花比雌花出现早，主蔓上第 1 雌花的节位高低与早熟性有很大关系，早熟品种第 3～4 节出现雌花，而晚熟品种第 8～10 节才出现雌花。

黄瓜花芽分化较早，一般第 1 片真叶展开时，叶芽已分化 12 节，花芽已分化到第 9 节，但花的性型尚未确定；第 2 片真叶展开时，叶芽已分化 14～16 节，花芽已分化到第 11～13 节，同时第 3～5 节的性型已确定。黄瓜花的性型是可塑的，最初分化出花的原始体，具有雌蕊和雄蕊两性原基。当环境条件适于雌蕊原基发育时，雄蕊原基退化，雌蕊原基发育，形成雌花；环境条件适于雄蕊原基发育时，雌蕊原基退化，雄蕊原基发育就形成雄花。环境条件和栽培措施可影响黄瓜花芽的性型分化。通常 13～15℃的低夜温和 8h 左右的短日照有利于雌花分化，不但雌花数多，着花节位也低；较高的空气湿度、土壤含水量、土壤有机质含量和二氧化碳浓度等均有利于雌花分化；此外，花的性型受激素控制，乙烯多增加雌花，赤霉素多增加雄花。因此，苗期可采取适当的技术措施对黄瓜的花进行性型调控，以降低雌花节位，增加雌花数量，达到早熟、高产的目的。

（5）果实　瓠果，果实的性状因品种而异。果形为筒形至长棒状，果色有深绿、浅绿、黄绿甚至白色，果面光滑或有棱、瘤、刺，刺色有黑、褐、白之分。黄瓜有单性结实能力，即不授粉时也能形成正常果实。这是因为黄瓜子房中生长素含量较高，能控制自身养分分配所致。

（6）种子　种子扁平椭圆形，黄白色。种子千粒重 22 ～ 42g，种子发芽年限 4 ～ 5 年。

2.·生长发育周期

黄瓜整个生育周期可分为发芽期、幼苗期、伸蔓期和结果期四个时期。其生育期的长短主要取决于栽培茬口和栽培条件，如露地栽培黄瓜全生育期 90 ～ 120 天，而日光温室越冬栽培黄瓜生育期可长达 8 个月以上。

（1）发芽期　从种子萌动到第 1 片真叶出现（露真）为发芽期，适宜条件下约 5 ～ 10 天。发芽期生长所需养分完全靠种子本身贮藏的养分供给，此期末是分苗的最佳时期。

（2）幼苗期　从"露真"到植株具有 4 ～ 5 片真叶（团棵）为幼苗期，约 20 ～ 30 天。幼苗期黄瓜的生育特点是叶的形成、根系的发育和花芽的分化，管理重点是促进根系发育和雌花的分化，防止徒长。此阶段中后期是定植适期。

（3）伸蔓期　又称初花期，从植株团棵到根瓜坐住为止，约 15 ～ 25 天。此期植株的发育特点主要是茎叶形成，其次是花芽继续分化，花数不断增加，根系进一步发展。这一阶段是由营养生长向生殖生长过渡阶段，栽培上既要促使根的活力增强，又要扩大叶面积，确保花芽的数量和质量，并使瓜坐稳，避免徒长和化瓜。

（4）结果期　从根瓜坐住到拉秧为结果期。结果期的长短因栽培形式和环境条件的不同而异。露地夏秋黄瓜只有 40 天左右，日光温室越冬茬黄瓜长达 240 天。黄瓜结果期生育特点是营养生长与生殖生长同时进行，即茎叶生长和开花结果同时进行。结果期的长短是产量高低的关键所在，因而应尽量延长结果期。

3. 对环境条件的要求

（1）温度　黄瓜是典型的喜温植物，生长发育的温度范围为 10 ～ 32℃，最适宜温度为 24℃。温度低于 10℃，各种生理活动都会受到影响，甚至停止，-2 ～ 0℃为冻死温度。但苗期低温锻炼能够提高黄瓜的耐寒能力。温度高于 32℃，植株开始生长不良，高于 35℃时生理失调，植株迅速衰败。黄瓜对地温要求比较严格，生育期间最适宜地温为 20 ～ 25℃，地温长时间低于 12℃，根系活动受阻；地温高于 30℃，根系易老化。黄瓜生育期间要求一定的昼夜温差。一般日温 25 ～ 30℃，夜温 13 ～ 15℃，昼夜温差 10 ～ 15℃较为适宜。黄瓜发芽最适宜温度为 25 ～ 30℃。

（2）光照　黄瓜的光饱和点为 55klx，光补偿点为 1.5klx，生育期间最适宜光照度为 40 ～ 50klx，黄瓜在果菜类中属于比较耐弱光的蔬菜。黄瓜对日照长短的要求因生态环境不同而有差异。一般华南型品种对短日照较为敏感，而华北型品种对日照的长短要求不严格，已成为日中性植物，但 8 ～ 11h 的短日照能促进雌花的分化和形成。

（3）水分　黄瓜需水量大，适宜土壤湿度为土壤最大持水量的 80%，适宜空气相对湿度为 60% ～ 90%，但也可以忍受 95% ～ 100% 的空气相对湿度，但湿度较大容易诱发病害。黄瓜喜湿又怕涝，设施栽培时，土壤温度低、湿度大时极易发生寒根、沤根和猝倒病。黄瓜不同生育阶段对水分的要求不同。幼苗期水分不宜过多，否则易发生徒长，但也不宜过分控制，否则易形成老化苗。初花期要控制水分，防止地上部徒长，促进根系发育，为结果期打下好基础。结果期营养生长和生殖生长同步进行，对水分要求多，必须供给充足的水分才能获得高产。

（4）土壤营养　栽培黄瓜宜选有机质含量高、疏松透气的土壤，适宜土壤酸碱度为pH5.5～7.2。黄瓜喜肥又不耐肥。由于植株生长迅速，短期内生产大量果实，因此需肥量较大。但黄瓜根系吸收养分的范围小、能力差，忍受土壤溶液的浓度较小，所以施肥应以农家肥为主，只有在大量施用农家肥的基础上提高土壤的缓冲能力，才能施用较多的速效化肥。一般每生产1000kg果实需吸收氮2.8kg、磷0.9kg、钾3.9kg。

二、品种类型

黄瓜的品种类型较多，目前我国普遍栽培的主要有华北型、华南型和北欧温室型三种类型，如图6-2所示。此外，还有欧美型露地黄瓜、南亚型黄瓜和小型黄瓜等栽培类型。

(a) 华北型　　　　　　　　　(b) 华南型　　　　　　　　　(c) 北欧温室型

图 6-2　黄瓜的品种类型

1. 华北型

俗称"水黄瓜"，分布于中国黄河流域以北及朝鲜、日本等地。植株生长势中等，喜土壤湿润、天气晴朗的气候条件，对日照长短要求不严。该类型黄瓜茎节和叶柄较长，叶片大而薄，果实细长，绿色，刺瘤密，白刺。

2. 华南型

俗称"旱黄瓜"，分布于中国长江以南及日本各地。该类型黄瓜茎叶繁茂，茎粗，节间短，叶片肥大，耐湿热，要求短日照。果实短粗，果皮硬，果皮绿、绿白、黄白色，刺瘤稀，黑刺。

3. 北欧温室型

俗称"无刺黄瓜"，黄瓜原产于英国、荷兰。植株茎叶繁茂，耐低温弱光，对日照长短要求不严。果面光滑无刺，绿色，多为雌性系，种子少或单性结果。

知识链接——蔬菜名人

黄瓜王——侯锋

　　侯锋（1928—2020），著名黄瓜育种专家，曾任天津市黄瓜研究所所长。20世纪60年代率先在国内开展黄瓜抗病育种研究。"六五"以来主持国家黄瓜育种科技攻关项目，针对黄瓜生产中多种病害的威胁，采用杂交与回交相结合的育种方法，成功地将抗病、丰产和早熟性结合在一起，逐步攻克了黄瓜霜霉病、白粉病及枯萎病这几种病害难关；利用国内外品种资源，解决了黄瓜低产劣质难题。育成津研、津杂、津春三代黄瓜新品种12个，在30个省市大面积推广，占全国黄瓜栽培面积的80%以上，累计创社会经济效益60亿元。侯锋被菜农亲切地称为"黄瓜王"。他创建的黄瓜研究所及其育、繁、推产业化工程体系为农业科研单位成果转化积累了经验，社会效益十分显著。1999年当选为中国工程院院士。

三、栽培季节与茬次安排

　　我国长江流域及其以南地区无霜期长，一年四季均可栽培黄瓜。北方地区利用园艺设施和露地生产相结合，实现黄瓜周年生产、均衡供应。设施黄瓜栽培的基本茬次见表6-1。

表6-1　设施黄瓜栽培基本茬次

茬次	播种期	定植期	产品供应期
塑料大棚春早熟	1月中下~2月上	3月中下	4月下~7月下
春季小拱棚短期覆盖	3月上	4月中下	5月中下
塑料大棚秋延后	7月上中	7月下~8月上	9月上~10月下
日光温室早春茬	12月下~1月上	2月中下	3月上中~6月上中
日光温室秋冬茬	8月中下~9月上	9月中下	10月中下~1月上
日光温室越冬茬	9月上中	10月上中	11月下~7月中

　　注：栽培季节的确定以北纬32°~43°地区为依据。

四、日光温室黄瓜越冬茬栽培技术

（一）品种选择

　　日光温室越冬茬黄瓜，采收期跨越冬、春、夏三个季节，整个生育期长达10个月，是设施黄瓜栽培技术难度最大、效益最高的茬口。生长期内将经历较长时间的低温、弱光环境，因此，必须选用耐低温、耐弱光、雌花节位低、节成性好、抗病性强、生长势强、品质好、产量高的品种。适合日光温室冬春茬栽培的品种有华北型品种如津优35号、津优36号、博美816、中荷19、中农26号等，华南型品种如田娇6号、田娇7号、未来103等。

（二）嫁接育苗

嫁接育苗是日光温室越冬茬黄瓜高产栽培的主要技术措施之一。生产中常用嫁接砧木有黑籽南瓜和白籽南瓜。黑籽南瓜抗寒性、抗病性及生长势均优于白籽南瓜。但白籽南瓜具备脱蜡粉能力，嫁接后的黄瓜果面油亮、无蜡粉。因此，如果温室的保温性能好，为提高黄瓜的外观商品性，选择白籽南瓜作嫁接砧木；如果温室保温性能一般，则应选择黑籽南瓜嫁接，以保证黄瓜正常生长并获得高产。

（三）整地定植

1. 整地做畦

越春茬黄瓜生育期较长，施足基肥是黄瓜高产的基础。在一般土壤肥力水平下，每亩撒施优质腐熟农家肥5000kg，然后深翻40cm，耙细耧平。日光温室冬春茬黄瓜宜采用南北行向、大小行地膜覆盖栽培。整地前按大行距80cm、小行距50cm开施肥沟，沟内再施农家肥5000kg，逐沟灌水造底墒，水渗下后在大行间开沟，做成80cm宽、10～13cm高的小高畦，畦间沟宽50cm，可作为定植后生产管理的作业道。

2. 定植覆膜

选择具有充足阳光的晴天上午定植，以利于缓苗。定植时在小高畦上，按行距50cm开两条定植沟，选整齐一致的秧苗，按平均株距35cm将苗坨摆入沟中（南侧株距适当缩小，北侧株距适当加大），每亩栽苗3000～3500株。秧苗在沟中要摆成一条线，高矮一致，株间点施磷酸二铵，每亩用量25kg，肥土混拌均匀。苗摆好后，向沟内浇足定植水，水渗下后合垄。黄瓜栽苗深度以苗坨表面与地表面平齐为宜。栽苗过深，根系透气性差，地温低，黄瓜发根慢，不利于缓苗。尤其是嫁接苗定植时切不可埋过接口处，否则土壤内病菌易通过接触侵染接穗，并致病使嫁接失去应有效果。定植完毕后，用小木板把垄台、垄帮刮平，垄上铺滴灌管，每行一根。定植后可在行距50cm的两小行上覆地膜（图6-3），在每株秧苗处开纵口，把秧苗引出膜外。

|←50cm→|←80cm→|←50cm→|

图6-3　黄瓜定植方式示意图

（四）田间管理

1. 缓苗期及伸蔓期

黄瓜定植

（1）温度管理　定植初期尽量给予较高温度，促进植株生长。此阶段温室内温光条件优越，可根据日光温室本身环境的日变化，结合黄瓜在一昼夜中不同时段的生理活动中心来进行温度环境的管理，即"四段式变温管理"。上午光照强，也是黄瓜一天中光合作用最强阶段，温度控制在28℃±2℃，促进植株进行光合作用，制造大量光合产物；下午光照度和光合作用均减弱，温度控制在22℃±2℃；前半夜为促进光合产物向果实运输，温度控制在17℃±2℃；后半夜为抑制呼吸，温度控制在

12℃±2℃。放风时温度应控制在30℃±2℃（晴天），当温室内温度下降到17℃时应盖保温被，早晨揭被时室内温度保持在8～10℃。

（2）水肥管理　黄瓜初花期要控制水分，防止地上部徒长，促进根系发育，为结果期打下好基础。定植后3～5天，可浇1次缓苗水，水量要充足。初花期以保水保温、控秧促根为主要目标，如果定植水和缓苗水浇透，土壤不会严重缺水，在根瓜形成前不用追肥灌水，采用蹲苗的方式以促进植株由"以营养生长为中心"向"以生殖生长为中心"转化。

（3）吊蔓整枝　吊绳上端固定在铁丝上，下端无须固定，只需用吊秧夹将主蔓夹住固定吊绳上。注意夹子要夹在叶节处，以后随着植株的生长，要不断将夹子夹在上部叶节处。吊蔓时最好在午后进行，以防茎蔓损伤。越冬茬黄瓜以主蔓结瓜为主，因此要及时摘除叶腋处发生的侧枝和砧木发出的萌蘖。叶腋间着生的卷须是黄瓜叶的变态器官，具有攀缘功能，但温室吊蔓栽培不需其攀缘，为防止养分消耗，需及时摘除。同时可顺便摘除雄花、化瓜和畸形瓜，以减少养分消耗。

2. 结果期

（1）温度管理　越冬茬黄瓜结果初期处于低温弱光期，温度管理上可参照初花期的四段变温管理。开春后随着日照时间增加，光照由弱转强，室温可适当提高，上午保持28～30℃，下午22～24℃，前半夜17～19℃，后半夜12～14℃。温度高于32℃，黄瓜植株开始生长不良，高于35℃时生理失调，植株迅速衰败。因此，在生育后期应加强通风，避免室温过高。

（2）光照调节　冬季日光温室的弱光照是限制黄瓜产量和品质的重要环境因子之一，因此光照调节的原则是增光补光。可通过清洁棚膜，在保证室内温度前提下尽量早揭、晚盖保温被，在北墙和两个山墙张挂镀铝反光膜，及时整枝摘老叶等方式来改善温室内的通风透光条件，也可利用植物补光灯进行增光补光。

（3）水肥管理　通常当大部分植株根瓜长到15cm左右时，进行第1次浇水追肥，并于午前浇完。应采用膜下滴灌，结合浇水每亩施三元复合肥15kg。中午温室不通风，使温室内气温升高到30℃以上，以带动地温的升高。此时由于刚浇过水，室内空气湿度较大，植株不会因温度过高而萎蔫。午后打开顶风口，通风10～30min排除湿气。低温季节尽量控制浇水，一般10～20天灌1次水，每次要浇透，以免频繁浇水降低地温。隔1水追1次肥，磷酸二铵、硫酸钾和三元复合肥、有机肥交替使用。

进入结果盛期后，外温高，通风量大，土壤水分蒸发快，需5～7天灌1次水，10～15天追1次肥。盛果期开始在明沟追肥，可先松土，然后灌水追肥，并与滴灌交替进行。叶面喷肥从定植至生产结束可每15天喷施1次，肥料可选用磷酸二氢钾及多种商品叶面肥。

（4）增施二氧化碳气肥　冬季室内气温偏低，通风少，植株生长旺盛，棚内易发生二氧化碳亏缺。生产中可使用吊袋式二氧化碳气肥，每亩温室均匀吊挂20袋，有效期可达30天左右。

（5）整枝落蔓　日光温室冬春茬黄瓜以主蔓结瓜为主，整个生育期一般不摘心，主蔓可高达6～7m。因此在生长过程中，为改善室内的光照条件，可随着下部果实的采收，随时落蔓，使植株高度始终保持1.5m左右。落蔓前打掉下部老叶，把吊秧夹解开，手提黄瓜植株使其自然下落至一定的高度，为龙头生长留出空间，然后将夹子重新夹好。使用吊蔓夹可大减轻落蔓和拉秧时的工作量。落下的蔓盘卧在地膜上，注意避免与土壤接触，如图6-4所示。

图6-4　黄瓜落蔓

　　（6）保花保果　黄瓜具有单性结实能力，但越冬栽培由于温度低、光照弱，坐果率降低，果实膨大慢，易出现畸形瓜。因此，生产中通过蜜蜂或熊蜂辅助授粉来提高坐果率。也可在雌花开花当日，将瓜胎浸入10mg/L的0.1%的氯吡脲溶液中，以促进坐瓜。

黄瓜落蔓

（五）采收

　　黄瓜属于嫩果采收，采收期的掌握对产量和品质影响很大。从播种至采收一般为50～60天。黄瓜必须适时采收，采摘太早，果实保水能力弱，货架寿命短；采摘太迟，则果实老化，品质差，而且大量消耗植株养分，导致植株生长失去平衡，后续果实畸形或化瓜。一般根瓜应及早采收，结瓜初期2～3天采收1次，结瓜盛期1～2天采收1次。采收后及时分级装箱，防止相互摩擦影响商品质量。

第二节　日光温室茄子越冬茬栽培

　　茄子为茄科茄属以浆果为产品一年生草本植物，在热带为多年生灌木，古称酪酥、昆仑瓜等。原产于东印度，公元3～4世纪传入我国，在我国已有1000多年栽培历史，通常认为我国是茄子的第二起源地。茄子以食用嫩果为主，可炒、煮、煎食，还可加工，干制、盐渍、酱制均宜。茄子适应性强，栽培容易，产量高，营养丰富，又适于加工，在我国南北方普遍栽培。近年来北方地区利用高效节能日光温室进行茄子越冬长季节栽培，取得了较高的经济效益。

一、生物学特性

1. 形态特征

　　（1）根　茄子根系发达，由主根和侧根构成。主根粗壮，垂直伸长，深度可达

1.3～1.7m，分生大量的 1 级侧根，再分生 2 级、3 级侧根。水平侧根在地表下 5～10cm 处，主要根群分布在 30cm 内的土层中。茄子根系木质化较早，发生不定根能力较弱。因此，不宜多次移植。育苗移栽时应尽量减少伤根，栽培时应注意深栽。

（2）茎　茄子的茎为圆形。在幼苗时期木质化程度低，成苗以后便逐渐木质化，形成粗壮且直立性较强的茎。有些茄子品种茎上有刺，栽培茄子通常株高在 60～100cm。日光温室长季节嫁接栽培的株高可达 1.5～2.0m，需采取吊秧栽培防止倒伏。

茄子为假二杈分枝，分枝结果很有规律。早熟种 6～8 片叶、晚熟种 8～9 片叶时，顶芽变成花芽，紧接着腋芽抽生两个长势相当的侧枝代替主枝呈"Y"状延伸生长。以后每隔一定叶位，顶芽又形成一朵花，侧枝以同样方式分枝一次。这样，先后在第 1、第 2、第 3、第 4 分枝处的花形成的果实，分别被称为门茄、对茄、四母斗、八面风，以后植株向上的分枝和开花数目增加，结果数较难统计，被称为满天星。只要条件适宜，以后仍按同样规律不断自下而上地分枝、开花、结果，其数目都为几何级数增加。需要注意的是，茄子与辣椒不同，茄子的花不是着生在分叉处，而是着生在其中一条分枝的基部，如图 6-5 所示。

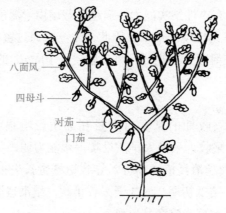

图 6-5　茄子分枝结果习性

（3）叶　单叶互生，绿色或墨绿色，叶片肥大，卵圆形或长卵圆形，有长叶柄，叶面粗糙而有茸毛，叶脉和叶柄有刺毛。生产过程中要适当摘除下部叶龄超过 35 天的衰老叶片，减少养分消耗，促进通风透光。

（4）花　茄子的花为两性花，一般单生，但也有 2～4 朵簇生的。花由花萼、花冠、雄蕊、雌蕊四部分组成。花瓣为 5～6 片，基部合成筒状，白色或紫色。开花时花药顶孔开裂散出花粉。自花授粉，环境适宜时晴天早晨 5 时左右开花，7 时左右开药，花期可持续 3～4 天，开花前 1 天和花后 3 天都有受精能力，开花当天授粉的结果率最高，环境条件不适时可采用激素处理促进坐果，激素处理应在开花当天进行。

茄子分枝结果习性

茄子花根据花柱的长短，可分为长柱花、中柱花和短柱花，如图 6-6 所示。长柱花的花柱高出花药，花大色深，为健全花，能正常授粉，有结果能力。短柱花的花柱低于花药或退化，花小、色淡、花梗细，为不健全花，授粉率低，一般不能正常结果。中柱花的授粉率介于二者之间。花柱长短受环境与栽培条件，特别是育苗条件的影响。

图 6-6 茄子的不同花型
1—长柱花；2—中柱花；3—短柱花

茄子的长柱花、中柱花和短柱花

（5）果实　茄子的果实为浆果，有圆形、卵形、长形等多种果形。一般圆茄品种的果肉比较致密，果实较硬；长茄品种果肉细胞排列呈松散结构，质地细腻，果实较软。果实的颜色有白色、白绿色、绿色、紫色、紫红色、黑紫色等。老熟后的果实为黄褐色。茄子是以嫩果为食用器官，单果重小的20g左右，大的可达到800g左右，在种子尚未开始硬化之前采收，一般开花后15～20天即可采收。采收过晚会影响品质。

（6）种子　茄子的种子较小，种皮光滑、有蜡质，肾形，千粒重一般为4～5g，小的甚至为1～2g，发芽较慢。种子比果实成熟晚，开花后40天即有发芽能力，50～60天才能完全成熟。因此，经后熟的种子成熟效果更明显。刚刚采收的种子，有轻度休眠，所以发芽率较低。种子的寿命为4～5年，使用年限2～3年。

2. 生长发育周期

根据茄子生长发育特性，可将其生长发育周期分为以下几个时期。

（1）发芽期　从种子萌发到第一片真叶出现为发芽期。茄子发芽期较长，一般需要10～12天。发芽期能否顺利完成，主要决定于温度、湿度、通气状况及覆土厚度等。播种后尤其注意要提高地温，保证土壤湿度，防止土壤板结，覆土厚度适宜。

（2）幼苗期　从第一片真叶出现至开始现大蕾为幼苗期，大约需要50～60天。

（3）开花着果期　从门茄现蕾至门茄"瞪眼"为开花着果期，需10～15天。茄子果实基部近萼片处生长较快，此处的果实表面开始因萼片遮光呈白色，等长出萼片外见光2～3天后着色。其白色部分越宽，表示果实生长越快，这一部分称"茄眼睛"。在开始出现白色部分时即为"瞪眼"开始，当白色部分很少时，表明果实已达到商品成熟期了。开花着果期为营养生长为主向生殖生长为主的过渡期，此期适当控制水分，可促进果实发育。

（4）结果期　从门茄"瞪眼"到拉秧为结果期。门茄"瞪眼"以后，茎叶和果实同时生长，光合产物主要向果实输送，茎叶得到的同化物很少。这时要注意加强肥水管理，促进茎叶生长和果实膨大；对茄与"四母斗"结果期，植株处于旺盛生长期，对产量影响很大，尤其是设施栽培，这一时期是产量和产值的主要形成期；"八面风"结果期，果数多，但较小，产量开始下降。每层果实发育过程中都要经历现蕾、露瓣、开花、瞪眼、果实商品成熟到生理成熟几个阶段。

3. 对环境条件的要求

（1）温度　茄子喜温不耐寒、不耐霜冻，出苗前要求白天温度25～30℃，夜间16～20℃。花芽分化的适宜温度白天为20～25℃，夜间为15～20℃。温度偏低时，花芽分化延迟，但长柱花多；反之，在温度偏高条件下，花芽分化提早，但中柱花和短柱花比例增加，尤其高夜温短柱花更多。生长发育期间的适宜温度为13～35℃，一般白天为25～30℃，夜间15～20℃，地温18～20℃。当温度低于15℃时果实生长缓慢，低于10℃时生长停顿，5℃以下就会受冻害。高于40℃时，茎叶虽能正常生长，但花器发育受阻，果实畸形或落花落果。

（2）光照　茄子对光周期的反应不敏感，要求中等强度的光照。在弱光照条件下，光合产物少，生长细弱，而且受精能力低，容易落花。在强光照和9～12h短日照条件下，幼苗发育快，花芽出现早。光照充足，果皮有光泽，皮色鲜艳；光照弱，落花率高，畸形果多，皮色暗。

（3）水分　茄子的单叶面积大，水分蒸腾多。当土壤中水分不足时，植株生长缓慢，甚至引起落花，所结果实的果皮粗糙、品质差。一般要保持80%左右的土壤湿度。结果期需水量最大，要保证水分充足供应才能获得高产。雨季田间积水容易烂根，空气湿度大，授粉困难，落花落果严重。

（4）土壤营养　茄子对土壤适应性较广，各种土壤都能栽培，适宜土壤pH6.8～7.3。但以在疏松肥沃、保水保肥力强的壤土上生长最好。茄子生长量大，产量高，需肥量大，尤以氮肥最多，其次是钾肥和磷肥。整个生长期施肥原则是前期施氮肥和磷肥，后期施氮肥和钾肥，氮肥不足，会造成花发育不良，短柱花增多，影响产量。一般每生产1000kg茄子，需吸收氮3.0～4.0kg、磷0.7～1.0kg、钾4.0～6.6kg。

二、品种类型

根据茄子果形、株型的不同，可将茄子分为三种类型，即圆茄、长茄和矮茄，如图6-7所示。

(a) 圆茄　　　　　　　　(b) 长茄　　　　　　　　(c) 矮茄

图6-7　茄子的品种类型

1. 圆茄

圆茄植株高大，茎直立粗壮，叶片大而肥厚，生长旺盛，果实为球形、扁球形或椭球形，果色有紫黑色、紫红色、绿色、白色等。多为中晚熟品种，肉质较紧密，单果质量较大。圆茄属北方生态型，适应于气候温暖干燥、阳光充足的夏季大陆性气候。多作露地栽培品种，如北京六叶茄、北京七叶茄、天津大民茄、辽茄 3 号等。

2. 长茄

长茄植株高度及长势中等，叶较小而狭长，分枝较多。果实细长棒状，有的品种可长达 30cm 以上。果皮较薄，肉质松软，种子较少。果实有紫色、青绿色、白色等。单株结果数多，单果质量小，以中早熟品种为多，是我国茄子的主要类型。长茄属南方生态型，喜温暖湿润多阴天的气候条件，比较适合于设施栽培。优良品种较多，如龙杂茄 1 号、青选长茄、绿油茄、沈茄 1 号、茄杂 1 号、长茄一号、东方长茄、郎高、尼罗、布利塔、莫妮卡、黑珊瑚等。

3. 矮茄

矮茄又称卵茄。植株低矮，茎叶细小，分枝多，长势中等或较弱。着果节位较低，多为早熟品种，产量低。此类茄子适应性较强，露地栽培和设施栽培均可。果皮较厚，种子较多，易老，品质较差。果实小，果形多呈卵球形或灯泡形，果色有紫色、白色和绿色。如北京灯泡茄、天津牛心茄、青荷包茄、西安绿茄等。

三、栽培季节与茬次安排

北方地区利用高效节能日光温室越冬栽培，一般在 8 月中下旬播种，9 月中旬嫁接，10 月上旬定植，12 月份开始采收，产品供应元旦、春节市场及春淡季，翌年 6 月末拉秧，采收期可达 6 ～ 7 个月。

 知识链接——蔬菜名人

棚菜院士——李天来

李天来，1955 年出生，辽宁省绥中县人，著名设施园艺专家。20 世纪 80 年代，参与研制出我国第一代节能日光温室及其蔬菜栽培技术体系，开创了 -20℃以上地区冬季不加温生产果菜的先例，解决了我国北方居民"冬季吃新鲜蔬菜难"问题。20 世纪 90 年代后，创建了日光温室节能设计理论与方法，研制出系列节能日光温室，构建了节能日光温室蔬菜栽培模式与技术体系，实现了 -28℃以上地区冬季不加温全季节高产优质生产果菜，将日光温室果菜冬季不加温生产区向北推移 3 个纬度，为我国北方寒区日光温室蔬菜产业的形成与发展奠定了坚实的技术基础。2015 年当选中国工程院院士。

四、日光温室茄子越冬茬栽培

（一）品种选择

根据当地的消费习惯、栽培目的等选用市场畅销的主栽品种。日光温室越冬茬茄子栽培宜选择较耐寒、较耐弱光、抗病、丰产、果实商品性好（果形、色泽符合市场需求）、食用品质好（尤其是种子少、不易老熟）的品种。目前适于日光温室越冬茬栽培的品种主要有布利塔、大龙、黑金刚、紫丽人等。

（二）嫁接育苗

茄子土传病害为害严重，采用嫁接育苗，并配合相应的管理措施，可显著提高茄子的抗性和长势，大幅度地提高产量和效益。茄子嫁接操作简单，嫁接苗管理容易，目前已在生产中普遍应用。

（三）整地定植

1. 整地施肥

每亩施腐熟的农家肥10000kg、过磷酸钙50kg，深翻30～40cm。翻地施肥后耙平地面，按大行距70cm、小行距50cm起垄，垄高10～15cm。采用沟灌的垄不可起太高，以10cm为宜。

2. 定植

定植时垄上开深沟，每沟撒磷酸二铵100g、硫酸钾100g，肥土混合均匀。按40cm株距摆苗，覆少量土，浇透水后合垄。栽时掌握好深度，以土坨上表面低于垄面2cm为宜，但注意嫁接接口不要接触土面。合垄后每行铺设1根滴灌带，覆地膜并引苗出膜外。每亩保苗2000～2200株。

（四）田间管理

1. 生长前期

缓苗期间一般不通风，白天棚温25～30℃，夜间17～22℃，地温不低于22℃，以促进缓苗。缓苗后适当降低棚温，白天23～28℃，夜间15～18℃。此时温室内温光条件较好，可浇足缓苗水，浇水后，注意通风排湿。此后直至门茄"瞪眼"控制浇水，防止植株生长过旺而影响坐果。门茄花以下发生的侧芽应及时抹去。

2. 结果期

（1）温光管理　随着外界气温的降低，逐渐减少通风量，加盖保温被。整个越冬期间，需保持较高的棚温，白天25～30℃力求保持5h以上。若午间棚温达到32℃，可进行通风，下午棚温降至25℃时，及时关闭通风口，夜间加强保温。严寒天气，可通过加内保温覆盖物或临时加温温，保持15～20℃，最低夜温不低于12℃。

（2）光照调节　生产过程中经常清洁棚膜，保持较高的透光率。阴雪天气，也要适当揭开保温被，使植株见散射光。2月中旬以后，随日照时间增加，适当早揭晚盖保温被，增加植株见光时间。根据天气和棚内温度变化，通过通风口的打开和关闭，控制好棚内温度。白天上午棚温27～32℃，下午22～25℃，上半夜17～22℃，下半夜15～17℃。阴雨天，白天棚温22～27℃，夜间13～17℃。

（3）水肥管理　门茄似核桃大小时，开始追肥灌水，每亩随水追施磷酸二铵15kg、硫酸钾10kg。对茄采收后每亩再追施三元复合肥20kg。越冬期间每8～10天浇1次水，每次浇水配合冲施腐熟的豆饼水，每亩用豆饼50～60kg，隔水追1次肥，每次每亩施用尿素10～15kg、磷酸二铵4～6kg、硫酸钾9～10kg。3月中旬以后，随着天气转暖，每5～6天浇一水，每浇2次水需追肥1次。结果期可叶面喷施0.2%尿素和0.3%磷酸二氢钾防止植株早衰。

二氧化碳气肥施用方法可参照日光温室黄瓜越冬茬栽培。

（4）植株调整　日光温室越冬茬茄子一般做"双干整枝"。门茄坐果后，保留第一侧枝形成双干，当双干上出现分枝并且对茄坐住后，保留其中一分枝，对另一分枝保留1～2片叶进行摘心，以后再出现分枝以同样的方法进行去留，始终保持双干。在生长过程中要把病叶、老叶、残花及时摘掉，可通风透光，防病防烂果。到后期可采用吊绳吊秧，以防止倒伏保证良好的群体结构。

日光温室越冬
茬茄子双干
整枝

（5）保花保果

① 激素处理。温室越冬茬茄子常由于花器构造缺陷，营养不良，持续低温或高温，引起授粉受精不良而产生落花。为提高坐果率可采用激素处理，在茄子开花后1～2天内，用40～50mg/L的防落素喷花，以后随气温升高要相应降低浓度。

② 熊蜂授粉。熊蜂是茄果类蔬菜专用授粉蜂。茄子开花初期，将蜂群在傍晚时轻轻移入棚室中央适当位置，放置在离地面大约50cm高的位置上，使蜂巢门朝向东南方向，以利于接收阳光，静置1～2h后，打开蜂箱的巢门就可以了。茄子种植密度较大，花期较长，花粉量较少，无蜜腺，开花时花蕊向下，熊蜂采集花粉很不方便，放蜂量要相对多一些，每亩放2箱熊蜂为宜。熊蜂进棚前15天及授粉期间严禁喷施农药，若病害严重必须打药时，请在傍晚移出蜂箱，待药效过后再将熊蜂放回原处。

（五）采收

门茄易赘秧，采收宜早不宜迟，否则出现坠秧现象。一般当"茄眼睛"变窄时，即可采收。植株长势弱的宜早采收，防治徒长。采收时要用剪刀剪下果实，防止撕裂枝条。

第三节　日光温室西葫芦越冬茬栽培

西葫芦，葫芦科南瓜属一年生草本植物，又称美洲南瓜、搅瓜等。原产于北美洲南部，当前在世界范围内广泛栽培。嫩果和成熟果实均可食用，设施栽培以采收嫩果为主，以皮薄肉厚、可荤可素、可菜可馅而深受人们喜爱。

一、生物学特性

1. 形态特征

（1）根　西葫芦根系发达，侧根多水平分布，分布直径1.5m左右。主要根群分布深度10～30cm，主根入土深达2m，其吸收能力很强。

（2）茎　茎矮生或蔓生，微棱，上面着生白色刺毛。

（3）叶　叶宽三角形，有掌状深裂，叶片大、互生，无托叶，叶面粗糙，有少量白斑和着生许多小刺，叶柄长而中空，容易折断。叶色为深绿色，有的品种叶片绿色深浅不一，近叶脉处有银白色花斑。

（4）花　雌雄同株异花，花生于叶腋处，单生、黄色。雄花喇叭筒状，裂片大；雌花筒状而短，萼片渐尖形；花梗五棱，果蒂处稍扩张。

（5）果实　西葫芦的果实为瓠果，多长圆筒形，果皮随品种差异，颜色有黑色、绿色、浅绿色、白色、金黄色等，有的具有绿色条纹，表面平滑。成熟的果实表面有少量蜡粉。

（6）种子　种子扁平，黄褐色或灰白色，千粒重一般为120～160g。种子寿命一般4～5年，生产利用上限为2～3年。

2. 生长发育周期

西葫芦的生育周期大致可分为发芽期、幼苗期、初花期和结果期4个时期。

（1）发芽期　从种子萌动到第一片真叶出现为发芽期。此时期内秧苗的生长主要是依靠种子中子叶贮藏的养分，在温度、水分等适宜条件下，需5～7天。当幼苗出土到第一片真叶显露前，若温度偏高、光照偏弱或幼苗过分密集，极易发生徒长。

（2）幼苗期　从第一片真叶显露到3～4片真叶展开为幼苗期，大约需25天。这一时期幼苗生长比较快，植株的生长主要是幼苗叶的形成、主根的伸长及各器官（包括大量花芽分化）形成。此期既要促进根系发育，又要以扩大叶面积和促进花芽分化为重点，只有前期分化大量的雌花芽，才能为西葫芦的前期产量奠定基础。管理上应适当降低温度，缩短日照，促进根系发育，扩大叶面积，确保花芽正常分化，适当控制茎的生长。

（3）初花期　从幼苗定植、缓苗到第一雌花开花坐果（根瓜）为初花期，一般需25～30天。缓苗后，长蔓型西葫芦品种的茎伸长加速，表现为甩蔓；短蔓型西葫芦品种的茎间伸长不明显，但叶片数和叶面积发育加快。花芽继续形成，花数不断增加。管理上要控制温度，防止徒长，同时创造适宜条件，促进雌花的数量和质量的提高，为多结瓜打下基础。

（4）结果期　从根瓜坐住到采收结束为结果期。结瓜期的长短与品种、栽培环境、管理水平及采收次数等情况密切相关，一般为40～60天，是影响产量高低的关键因素。适宜的温度、光照和肥水条件，加上科学的栽培管理和病虫害防治，可达到延长采收期、高产、高收益的目的。在日光温室或现代化温室长季节栽培时，其结瓜期可长达150～180天。

3. 对环境条件的要求

（1）温度　西葫芦喜温暖的气候，但对温度有较强的适应能力。种子发芽最低温为13℃，最高温为35℃，适宜温度范围为21～32℃；种子萌发的幼苗期生长的适宜温度为22～25℃。根毛发生的最低温度为12℃，根系伸长的最低温度是6～8℃。植株在12℃以上才能正常生长发育，最适生长发育温度为21℃，开花结果要求的温度要在15℃以上，果实发育最适温度为22～23℃，营养生长期在较低的温度下有利于雌花的分化。

（2）光照　西葫芦对光照度要求较严格，光照充足植株生长良好，果实发育快且品质好。但高温干旱配合强光，极易诱发病毒病。苗期给以8h的短日处理能降低雌花节位，增加雌花数量。在雌花形成后仍以自然日照有利于植株的生长。

（3）水分　西葫芦的根系发达，具有较强的吸水力和抗旱力。苗期保持床土见干见湿，定植后因叶片大且多，蒸发量大，故必须适时灌溉才能获得好的产量。西葫芦要求较低的空气湿度，空气湿度太大，授粉不良，坐果困难，且易发生病害。

（4）土壤营养　西葫芦对土壤适应性强，在各种土壤上均能正常生长发育，但仍以土层深厚、有机质含量高的壤土或砂壤土种植易获高产。西葫芦需肥量大，每生产1000kg产品需吸收氮 5.47kg、磷 2.22kg、钾 4.09kg。生长初期以氮肥为主，有利于扩大叶面积，结果期必须配合足够的磷钾肥，氮素过多，易引起茎叶徒长，导致落花落果。

二、品种类型

西葫芦按照茎蔓的长短可以分为矮生、半蔓生、蔓生三种类型。

1. 矮生型

该类型瓜蔓短粗，蔓长 30～60cm，在长季节栽培条件下也可达到 1～1.2m。植株生长健壮，叶片稠密，节间短，瓜码密集，早熟。雌花多，第 1 雌花着生于第 3～8 节，以几乎每节都出现雌花。果实长筒形、圆形，果色为淡绿色、深绿、黑绿、白色等多种。代表品种有早青一代、花叶西葫芦、一窝猴西葫芦等。

2. 半蔓生型

该类型介于蔓生和矮生之间，节间略长，蔓长在 60～100cm，主蔓第 1 雌花着生在第 8～11 节上，为中熟品种。这类型西葫芦的栽培品种不多见，多为地方品种。如山东临沂的花皮西葫芦、山西省农业科学院蔬菜研究所育成的半蔓生裸仁西葫芦等。

3. 蔓生型

该类型植株生长势强，节间长，主蔓可达 1.5～4.0m。主蔓第 1 雌花一般出现在第 10 节以后，结果部位分散，成熟期不集中，采收期较长，属晚熟品种，总产量较高。一般单果重 2～2.5kg，果肉质嫩，纤维少、品质佳。蔓生西葫芦抗病、耐热性强于矮生类型，但耐寒力弱，适于夏秋季栽培。主要品种有笨西葫芦、扯秧西葫芦、山西交城的蔓生西葫芦等地方品种。

三、栽培季节与茬次安排

日光温室越冬茬西葫芦，可于 10 月上中旬定植，11 月中旬开始采收至翌年 6 月份，在元旦至春节期间大量上市，供应期长，经济效益好。

四、日光温室西葫芦越冬茬栽培技术

（一）品种选择

以耐低温能力强、早熟性能好的品种为宜，如早青一代、特早秀、晶莹、京葫 3 号、京葫 2 号等，这些品种均是一代杂优组合，都能耐弱光、耐低温、适应性强、节间短、侧芽少、叶片中等大小、株形紧凑、适合密植、雌花较多、节位较低、易坐瓜、早熟丰产、品质佳，瓜皮浅绿、瓜条长筒形，符合市场要求。

（二）培育壮苗

西葫芦宜采用 50 孔或 72 孔穴盘育苗，单籽点播。苗龄 20～25 天，幼苗具有二叶一心时，即可定植。如果土传病害严重，也可以采用嫁接育苗。

（三）整地定植

1. 整地做畦

每亩施腐熟的农家肥 5000～7000kg、复合肥 30kg，深翻 30～40cm，翻地施肥后耙平地面，在定植前结合做畦，每亩再施入氮、磷、钾复合肥 25kg 左右或饼肥 100kg，施在定植沟内。按大行距 70cm、小行距 50cm 起垄，垄高 10 ～ 15cm。

2. 定植

选晴暖天气在垄上按株距 45cm 开穴，每亩定植 2000 株左右。定植时先向穴内浇水，水渗下后栽苗，冬季定植要用贮水池贮存的水，防止地温降低过多。如使用嫁接苗，接口一定要高于垄面一定距离，以防接穗发生不定根而感病。定植 3 天后，封好定植沟（穴），整平垄面，在垄上铺设滴灌塑料软管，然后覆盖地膜。

（四）田间管理

1. 缓苗期至初花期

（1）温度管理　定植后到缓苗，历经 5 ～ 7 天，一般不放风，白天温度保持 25 ～ 30℃，夜间 18 ～ 20℃，促进缓苗。缓苗后适当降低温度，白天 20 ～ 25℃，夜间 12 ～ 16℃，防止幼苗徒长。冬季低温寡照时，白天尽量保持在 23 ～ 25℃，夜间 10 ～ 12℃，以提高弱光下的净光合率。

（2）光照调节　西葫芦对光照的要求较高，耐阴能力比较差，冬季光照不足，容易引起秧苗徒长和化瓜。选用透光性好的无滴膜，经常清洁棚膜，白天早揭晚盖保温被，尽量增加光照度和时间。阴雨天只要揭开保温被后气温不低于 5℃就要揭被见光。大雪天，可在清扫积雪后于中午短时揭苫。久阴乍晴时，应反复卷放保温被，不能一次性全部揭开，以免叶面灼伤。后部中柱处张挂反光幕对改进后排光照十分有利。

西葫芦的光照管理要和温度相协调，弱光下，温度高造成光合产物被消耗，反而不利于西葫芦的生长，因此人工补光是一个十分有效的办法。在温室内安装碘钨灯或 LED 冷光源等人工光源，可以提高光合效率，改善作物的产量和品质。另外，使用日光灯等冷光源，效果差一些，但也可以缓解冬季阴天光照不足的问题，有利于西葫芦安全越冬。

（3）水肥管理　西葫芦浇足定植水后，直到坐瓜前不追肥浇水。定植水不足地面偏干时，可在瓜苗明显生长后适量浇水，但要避免浇水过多，引起徒长。

（4）吊绳缠蔓　西葫芦在温室内栽培，密度大且生命周期长，为保证植株受光良好，必须进行吊蔓。当西葫芦蔓长到 20cm 左右，植株发生倒伏前吊绳引蔓，用一根细尼龙绳，一端系在瓜苗上方的铁线上，另一端用夹子固定在茎蔓上。随着植株生长，调整吊蔓夹固定位置，使植株直立生长。为便于管理，应使茎蔓龙头高度一致。吊蔓时避免损害茎叶。

2. 结果期管理

（1）温光调节　西葫芦进入结瓜期后，采取四段变温管理的办法，可以增加产量，降低病害发生的概率。具体做法是，白天上午（13 时前）维持在 26 ～ 30℃，利用上午光照充足的时间，温度适当高些有利于养分的吸收和光合作用；下午温度 22 ～ 25℃，前半夜 15 ～ 18℃，这段时间主要进行光合产物的运输，适当降低温度，可以使光合作用产物尽快运转到果实及其他部位；后半夜 10 ～ 15℃，西葫芦要进行呼吸，保持较低的温度，可使呼吸消耗降到最低限度。对于设施栽培来讲，低温季节的管理重点在于保温防寒，并采取各种方法增光补光。地温保持在 18 ～ 20℃，不低于 15℃。天气正常情况下，保温被应早揭晚盖，当室内夜间温度低于 8℃时，可临时加温。遇到阴、雪、寒潮等特殊天气时，应及时加温，以免造成落花落果或其他生理性病害。天气逐渐转暖以后，应加强通风降温。当外界最低温度超过 15℃ 时要昼夜放风。

（2）水肥管理　当田间大部分植株坐瓜后，开始浇水。低温季节需水少，一般 15 天左右浇一次水。进入盛瓜期以后加大灌水量，每 5 ～ 7 天浇一次水。浇水应选择在晴天上午 8 ～ 9 时，浇水后必须密闭棚室增温 2h 左右，当温度提高到 35℃ 时，再由小到大逐渐放风排湿，以减少夜间结露。浇水之前一定要看天气预报，绝对不可以在雨雪天或连阴天之前浇水。

施足底肥后，结瓜前不追肥。开始收瓜后结合浇水进行追肥，冬季每 15 天追肥一次，春季每 10 天追肥一次，拉秧前 30 天不追肥或少量追肥。用冲施法追肥，结合浇水，交替冲施化肥和有机肥，化肥主要用复合肥、硝酸钾、尿素等，每亩用量 20 ～ 25kg。复合肥应于施肥前几天用水浸泡溶解。有机肥要用饼肥和鸡粪的沤制液。盛瓜期叶面交替喷施丰产素、爱多收、叶面宝、0.1% 磷酸二氢钾，阴天或植株生长势弱时可增加 1% 红糖或白糖的喷洒次数，都可收到良好的效果。另外，冬季温度低，植株的根系活力弱，肥料吸收利用率低，这时应适当增加生物菌肥的施用量和叶面肥的用量。

（3）整枝摘叶　西葫芦以主蔓结瓜为主，因而应保持主蔓优势，侧枝长出后及时去掉。于晴天上午进行，阴天或傍晚打权伤口不易愈合，容易染病。卷须生长也消耗养分，也应尽早去除。西葫芦叶片比较大，叶柄长，遮光严重，应及时摘除病叶、枯黄老叶及受伤严重的叶片，以免引发病害和消耗养分。摘叶要从叶柄基部掰除，不要采用剪刀剪叶，以免传染病害。一株西葫芦一般只能保留 12 ～ 15 片叶为宜。

（4）保花保果

① 人工授粉。摘下雄花，去掉花冠，对准雌花的柱头，轻轻摩擦，使柱头授粉均匀，否则会长成畸形瓜，一般每朵雄花能连续给 3 朵雌花授粉。雄花多时进行一对一授粉效果更好，一般授粉后第三天瓜柄弯曲，幼瓜明显变大，表明该瓜已坐住。也可用蜂授粉代替人工授粉。

西葫芦授粉

② 激素处理。可采用 40 ～ 50mg/L 的防落素蘸花（图 6-8）。随温度上升使用浓度需要下降。蘸花的方法是用毛笔蘸上药液涂抹到雌花柱头和花冠基部一圈。浓度过高或重复蘸花，会抑制幼瓜生长，形成瓜把粗、顶端细的畸形瓜。如果发现上述情况出现，应及时调整蘸花方法和浓度。

图 6-8　西葫芦激素处理

（五）采收

西葫芦以食嫩瓜为主，开花后 7 ～ 10 天即可采收 300g 左右的嫩瓜上市。对生长势旺的植株可适当多留瓜、留大瓜，并适当晚收；对于生长势弱的植株应少留瓜、早采收，使其达到秧果生长平衡。若少数植株因个体差异出现成熟大瓜而又没到批量销售时间，此时可用手轻轻转拧瓜把，使其 80% 瓜把部分与主茎断开，余下 20% 瓜把部分与主茎相连，这样既可保持成品瓜继续吸收少量养分、水分，也不影响主茎上部幼瓜的膨大，且能使商品瓜保鲜至出售时仍然鲜活光亮且质量不减。

第四节   日光温室菜豆冬春茬栽培

菜豆，别名四季豆、芸豆、玉豆等，豆科菜豆属一年生蔬菜，原产中南美洲，16 世纪传入中国，我国南北各地普遍栽培。菜豆主要以嫩荚为食，并适于干制和速冻。

一、生物学特性

1. 形态特征

（1）根   根系较发达，成龄株主根深达 80cm 以上，侧根分布直径 60 ～ 70cm，主要根群多分布在 15 ～ 30cm 耕层中。在侧根和多级细根中还生有许多根瘤，具有固氮作用（图 6-9）。根系易老化，再生能力弱。

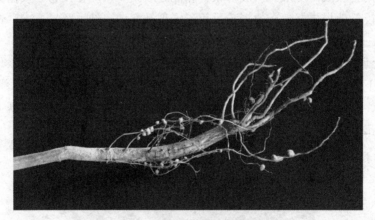

图 6-9   **菜豆根系上着生的根瘤**

（2）茎叶   茎细弱，左旋性缠绕生长，分枝力强。初生真叶为单叶，心脏形，对生；以后真叶为三出复叶，互生。

（3）花   总状花序，花梗发生于叶腋或茎的顶端，花梗上有花 2 ～ 8 朵。蝶形花，多为自花授粉，花色有白、黄、红、紫等多种。

（4）果实   荚果，圆柱形或扁圆柱形，全直或稍弯曲。嫩荚绿、淡绿、紫红或紫红花斑等，成熟时黄白至黄褐色。在高温、干旱或营养不良条件下栽培时，豆荚纤维增多，品质恶化。

（5）种子   种子多为肾脏形，种皮颜色有黑、白、红、黄、褐和花斑等，千粒重

300 ～ 700g。种子寿命 2 ～ 3 年，生产中多用第一年的新种子。种皮薄，浸种时易破裂，为防止种子内养分外渗，故不提倡播前浸种。

2. 生长发育周期

（1）发芽期　从种子萌动到第一对真叶出现，需 10 ～ 14 天。

（2）幼苗期　从第一对真叶出现到有 4 ～ 5 片真叶展开，需 20 ～ 25 天。第一对真叶健全可以促进初期根群发展和顶芽生长。幼苗末期开始花芽分化。

（3）抽蔓期　从 4 ～ 5 片真叶展开到开花，需 10 ～ 15 天。此期茎叶生长迅速，花芽不断分化发育。抽蔓初期需及时搭架引蔓，防止茎蔓伸出后相互缠绕，影响生长。

（4）开花结荚期　从开花到采收结束。矮生种一般播种后 30 ～ 40 天便进入开花结荚期，历时 20 ～ 30 天；蔓生种一般播种后 50 ～ 70 天进入开花结荚期，历时 45 ～ 70 天。

3. 对环境条件的要求

（1）温度　喜温怕寒，种子发芽的最低温度为 8 ～ 10℃，发芽适温为 20 ～ 25℃。幼苗生育适温为 18 ～ 20℃，10℃ 以下生长受阻。开花结荚适温为 18 ～ 25℃，若低于 15℃ 或高于 30℃，易产生不稔花粉，引起落花、落荚现象。

（2）光照　喜光，光饱和点为 35klx，光补偿点为 1.5klx。弱光下生育不良，开花结荚数减少。菜豆多数品种属中光性，春、秋季皆可种植。

（3）水分　菜豆耐旱力较强，在生长期间，土壤适宜湿度为田间最大持水量的 60% ～ 70%，空气相对湿度保持在 50% ～ 75% 较好。开花结荚期湿度过大或过小都会引起落花落荚现象。

（4）土壤和营养　菜豆适宜在土层深厚、有机质丰富、疏松透气的壤土或砂壤土上栽培，如土壤湿度大，通气性差，不利于根瘤繁殖和寄生。适宜 pH6.2 ～ 7.0，若土壤呈酸性，会使根瘤菌活动受到抑制。菜豆生育过程中吸收钾肥和氮肥较多，其次为磷肥和钙肥。微量元素硼和钼对菜豆生育和根瘤菌活动有良好的作用。菜豆对氯离子反应敏感，所以生产上不宜施含氯肥料。

二、品种类型

依主茎的分枝习性一般分为蔓生型和矮生型。

1. 蔓生型

又称"架豆"，主蔓长达 2 ～ 3m，节间长，攀缘生长。顶芽为叶芽，属无限生长类型。每个茎节的腋芽均可抽生侧枝或花序，陆续开花结荚，成熟较迟，产量高，品质好。

2. 矮生型

又称"地豆"或"蹲豆"。植株矮生而直立，株高 40 ～ 60cm。通常主茎长至 4 ～ 8 节时顶芽形成花芽，不再继续生长，从各叶腋发生若干侧枝，侧枝生长数节后，顶芽形成花芽，开花封顶。生育期短，早熟，产量低。

三、栽培季节与茬次安排

日光温室冬春茬菜豆可于 10 月份育苗，11 月中旬定植，元旦春节期间采收上市，管理好采收期可至翌年6月中旬。

四、日光温室菜豆冬春茬栽培技术

（一）品种选择

日光温室冬春茬栽培可选用早熟至中晚熟的蔓生型品种，如泰国架豆王、连农923、连农架豆10、绿龙、特嫩1号、无筋2号等。此期上市越早，价越高。也可选用早熟耐寒的矮生种，如优胜者、供给者、推广者、新西兰3号、嫩荚菜豆、农友早生等。在东北地区，将军豆、一点红等油豆品种在市场上也很受欢迎。

（二）培育壮苗

1. 播种前的准备

冬春茬菜豆的适宜苗龄为25～30天，需在温室内育苗。育苗情况下每亩需种子5～6kg（定植密度7500～9000株/亩）。育苗用基质选用草炭和蛭石2:1配制，基质中切忌加化肥，否则易发生烂种。播种前先将菜豆种子晾晒1～2天，再用种子重量0.2%的50%多菌灵可湿性粉剂拌种，或用福尔马林200倍液浸种30min后，用清水冲洗干净。

2. 播种

选用50孔穴盘，每穴播种3粒，覆盖2cm厚的基质，最后盖膜增温保湿。播种前如用根瘤菌拌种，能加快根瘤形成。

3. 苗期管理

播后苗前温度控制在25℃左右。出苗后，日温降至15～20℃，夜温降至10～15℃。第1片真叶展开后应提高温度，日温20～25℃，夜温15～18℃，以促进根、叶生长和花芽分化。定植前1周开始逐渐降温炼苗，日温15～20℃，夜温10℃左右。菜豆幼苗较耐旱，水分管理见干见湿。苗期尽可能改善光照条件，防止光照不足引起徒长。幼苗3～4片叶时即可定植。

（三）整地定植

1. 整地起垄

每亩施入充分腐熟有机肥5000kg、过磷酸钙50kg、草木灰100kg或硫酸钾20kg作基肥，肥料2/3撒施，1/3集中施于垄下。撒施后深翻30cm，耙细耙平，然后按大行60cm、小行50cm起垄，垄高15cm，覆膜。

2. 定植

蔓生种按30cm距离开穴，矮生种按35cm距离开穴，浇定植水，摆苗，每穴3株。每亩定植3500～4000穴，不可过密，否则秧苗徒长，落花、落荚严重，甚至不结荚。苗栽好后，垄上铺设滴灌带，覆地膜。

（四）田间管理

1. 缓苗期和伸蔓期

（1）温度调节　定植后闭棚升温，日温保持在25～30℃，夜温保持在20～25℃。缓苗后，日温降至20～25℃，夜温保持在15℃。进入开花期，日温保持在22～25℃，有利于坐荚。

（2）水肥管理　菜豆苗期根瘤很少，可在缓苗后每亩追施15kg尿素，以利根系生长和叶面积扩大。开花结荚前，要适当蹲苗控制水分，如干旱则浇小水。

（3）植株调整　菜豆主蔓长至30cm时，需吊绳引蔓，每株吊1根绳。现蕾开花之前，第一花序以下的侧枝打掉。

2. 结荚期

（1）温光调节　严冬季节注意增光补光。3月份后外界温度升高，适当通风降温。早揭晚盖保温被，延长光照时间。当棚外最低温度达13℃以上时昼夜通风。

（2）水肥管理　菜豆浇水的原则是浇荚不浇花。当第1花序豆荚开始伸长时，随水追施复合肥，每次每亩施用15～20kg。进入结荚期保持土壤湿润，一般10天左右浇水1次，隔1水追1次肥。菜豆对钾肥敏感，结荚期应增施钾肥，也可以喷施磷酸二氢钾补充。每次浇水后注意通风排湿。

（3）植株调整　中部侧枝长到30～50cm时摘心。主蔓生长点达到架顶时落蔓或打顶，防止茎蔓生长过长造成棚内郁蔽。结荚后期，及时剪除下部老蔓和病叶，以改善通风透光条件，促进侧枝再生和潜伏芽开花结荚。

（4）保花保荚　菜豆的花芽量很大，但正常开放的花仅占20%～30%，能结荚的花又仅占开放花的20%～30%，结荚率极低。大量的花芽变成潜伏芽或在开放时脱落。主要原因是开花结荚期外界环境条件不适，如温度过高过低，湿度过大或过小或光照较弱，水肥供应不足等，都能造成授粉不良而落花。生产中可通过加强管理、适时采收等措施防止落花落荚。如落荚较重，可用5～25mg/L的萘乙酸溶液或2.5%防落素水剂15～25mg/L喷花序，每7～10天喷1次，连续喷2～3次，以保花保荚。

（五）采收

菜豆开花后10～15天，可达到食用成熟度。采收标准为豆荚由细变粗，荚大而嫩，豆粒略显。结荚盛期，每2～3天可采收1次。采收时要注意不要用力拉扯豆荚和植株，防止损伤同一花序中的幼荚。

 复习思考题

1. 日光温室越冬茬黄瓜如何进行植株调整和花果管理？

2. 简述日光温室越冬茬黄瓜定植后温光水肥调控技术要点。

3. 日光温室越冬茬茄子整枝技术要点有哪些？

4. 日光温室越冬茬茄子如何保花保果？

5. 日光温室西葫芦如何进行植株调整和花果管理？

6. 简述日光温室冬春茬菜豆结荚期管理技术要点。

附录　蔬菜栽培数字教学资源表

序号	资源名称	章节	资源类型
1	什么是蔬菜？	1-1蔬菜栽培入门	视频
2	蔬菜的植物学分类法	1-2蔬菜的识别与分类	视频
3	蔬菜的食用器官分类法	1-2蔬菜的识别与分类	视频
4	蔬菜的农业生物学分类法	1-2蔬菜的识别与分类	视频
5	我的扁豆为啥才结荚？	1-3蔬菜栽培生理	动画
6	蔬菜种子大观园	2-1蔬菜播种技术	视频
7	种子萌发	2-1蔬菜播种技术	动画
8	泥炭营养块育苗	2-2蔬菜育苗技术	视频
9	自动播种机播种过程	2-2蔬菜育苗技术	视频
10	黄瓜改良式顶插接	2-2蔬菜育苗技术	视频
11	瓜类双断根插接	2-2蔬菜育苗技术	视频
12	茄子嫁接育苗	2-2蔬菜育苗技术	视频
13	番茄套管贴接	2-2蔬菜育苗技术	视频
14	蔬菜搭架——单花篱架	2-3蔬菜田间管理	动画
15	蔬菜搭架——双花篱架	2-3蔬菜田间管理	动画
16	如此轮作合理吗？	2-4蔬菜栽培制度	动画
17	"无公害"小白菜	2-5蔬菜安全生产	动画
18	根菜类肉质根结构	3-2露地萝卜秋季栽培	动画
19	大葱定植	3-3露地大葱春夏季栽培	视频
20	长葱白大葱养成记	3-4露地大葱春夏季栽培	动画
21	大蒜生长动态	3-5露地大蒜春夏季栽培	动画
22	蒜薹采收	3-5露地大蒜春夏季栽培	视频
23	菠菜播种	3-6露地菠菜越冬栽培	视频
24	马铃薯块茎的形成	4-1地膜马铃薯春早熟栽培	动画
25	马铃薯种薯切块	4-1地膜马铃薯春早熟栽培	视频
26	姜地下根状茎的形成	4-2小拱棚生姜栽培	动画
27	薄皮甜瓜四蔓整枝孙蔓留瓜	4-3双膜覆盖薄皮甜瓜春早熟栽培	动画
28	辣椒分枝结果习性	4-4塑料大棚辣椒越夏恋秋栽培	动画
29	我的辣椒很怕晒	4-4塑料大棚辣椒越夏恋秋栽培	动画
30	辣椒劈接	4-4塑料大棚辣椒越夏恋秋栽培	视频
31	警惕春甘蓝未熟抽薹	4-5日光温室甘蓝早春茬栽培	动画
32	温室西瓜植株调整	4-6日光温室西瓜早春茬栽培	动画

续表

序号	资源名称	章节	资源类型
33	番茄分枝结果习性	5-1塑料大棚番茄秋延后栽培	动画
34	番茄移栽器定植	5-1塑料大棚番茄秋延后栽培	视频
35	番茄电动授粉器授粉	5-1塑料大棚番茄秋延后栽培	视频
36	番茄疏花疏果	5-1塑料大棚番茄秋延后栽培	视频
37	番茄常见生理障害	5-1塑料大棚番茄秋延后栽培	视频
38	芹菜播种	5-2日光温室芹菜秋冬茬栽培	视频
39	厚皮甜瓜植株调整	5-3日光温室厚皮甜瓜秋冬茬栽培	视频
40	韭菜的分蘖与跳根	5-4日光温室韭菜秋冬茬栽培	动画
41	黄瓜定植	6-1日光温室黄瓜越冬茬栽培	视频
42	黄瓜落蔓	6-1日光温室黄瓜越冬茬栽培	视频
43	茄子分枝结果习性	6-2日光温室茄子越冬茬栽培	动画
44	茄子的长柱花、中柱花和短柱花	6-2日光温室茄子越冬茬栽培	动画
45	日光温室越冬茬茄子双干整枝	6-2日光温室茄子越冬茬栽培	视频
46	西葫芦授粉	6-3日光温室西葫芦越冬茬栽培	视频

参考文献

[1] 李天来. 设施蔬菜产业发展（一）我国设施蔬菜产业发展现状及展望. 中国蔬菜. 2023（9）：1-6.

[2] 李天来，齐明芳，孟思达. 中国设施园艺发展60年成就与展望. 园艺学报. 2022，49（10）：2119-2130.

[3] 陈杏禹. 蔬菜栽培. 北京：高等教育出版社，2020.

[4] 陈杏禹. 稀特蔬菜栽培. 北京：中国农业大学出版社，2023.

[5] 全国农业技术推广服务中心. 蔬菜栽培技术大全. 北京：中国农业出版社，2023.

[6] 于红茹. 工厂化育苗. 北京：中国农业出版社，2023.

[7] 乜兰春. 图解蔬菜嫁接育苗技术. 北京：中国农业出版社，2022.

[8] 海阳市农业技术推广中心. 番茄生产一读通. 北京：化学工业出版社，2022.

[9] 赵越，邢军，宋铁峰，等. 北方地区设施栽培黄瓜的品种选择及技术要点. 园艺与种苗，2024，44（3）：19-21.

[10] 葛松松，邢晓飞，赵士花，等. 越冬茬茄子"一配套两关键"高产高效栽培技术. 蔬菜，2024（2）：207-209.

[11] 戴宇婷，胡博，冯宝军，等. 日光温室越冬长季节高品质番茄高产栽培技术. 中国蔬菜，2024.

[12] 任苗，戴文婧，翁爱群. 日光温室越冬番茄单种双吊宽行密植栽培. 西北园艺，2024（7）：6-8.

[13] 乔惠芬，孙振业，冯金瑞. 设施番茄优质绿色轻简化栽培技术集成与示范. 上海蔬菜，2024（2）：22-24.

[14] 付秀会. 日光温室菜豆高产栽培保花保荚综合技术应用. 蔬菜，2023（10）：201-203.

[15] 闫东林. 日光温室黄瓜越冬一大茬标准化栽培技术研究. 农业技术与装备，2024（9）：164-168.

[16] 张德学，张军强，闵令强，等. 我国大葱生产全程机械化进程及配套设备概述. 中国农机化学报，2020（1）：197-204.

[17] 山溪，张振超，陶美奇，等. 韭菜连作障碍引发的病虫害防治. 蔬菜，2023（10）：40-43.

[18] 杨丽娟，杨和团，蔺应达，等. 番茄嫁接优质种苗培育技术集成与应用. 农业科技通讯，2024（6）：210-212.